日本と世界を動かす悪の孫子

宮崎正弘

ビジネス社

プロローグ　孫子は大いに誤解されてきた

「風林火山」は孫子が嚆矢

世界中で日本ほど孫子が人口に膾炙《かいしゃ》された国はない。じつは中国より、日本のほうが広く読まれているようである。

孫子の代表的な箴言の一つは、「疾《はや》きこと風の如く、静かなること林の如く、侵略すること火の如く、動かざること山の如く」（風林火山）だろう。

しかしこれは戦術論であっても、国の大本の方針を決める戦略論ではない。「国家百年の大計」を深刻に論じているわけではないのである。

戦国時代、甲斐の猛将、武田信玄が原文を省略して旗印に用いたが、正しくは「其の疾きこと風の如く、其の徐《しず》かなること林の如く、侵掠（侵略）すること火の如く、動かざること山の如く、知り難きこと陰の如く、動くこと雷《いかずち》の震うが如く」である。

中国語の原典では「故其疾如風、其徐如林、侵掠如火、不動如山、難知如陰、動如雷震」となっている。

武田信玄は「難知如陰、動如雷震」の二カ所を省略して分かりやすく象徴化し旗印に用いた。今でも甲府の武田神社、躑躅《つつじ》ケ崎館跡、あるいは長野の川中島古戦場跡へ行くと「風林火山」の旗が翩翻《へんぽん》とはためいている。

風林火山は孫子から（川中島古戦場）

孫子は二千六百年ほど前、わが神武天皇肇国《ちょうこく》の頃に呉の武将だった孫武が本名とされる。ようやく戦車の原型が発明された紀元前五世紀の人。日本へはおよそ千年ののち、すなわち西暦五世紀ごろ、兵法読本のかたちで輸入された。爾来《じらい》、千数百年間に渡って日本人の指導層に大きな影響力を与え続けた。誤用や解釈の誤解を恐れずに日本的解釈を多くの人がなした。知識人の多くが孫子を読んだ。正式な記録でも吉備真備《きびのまきび》が西暦八世紀に長安から持ち帰ったとされている。

とりわけ「風林火山」を掲げた武田信玄など戦国武将が兵力の展開や作戦立案で拳々服膺《けんけんふくよう》し、武田軍団や徳川家康の三河軍団の「鶴翼《かくよく》の陣」「魚鱗《ぎょりん》の陣」などに日本的な戦法の工夫が見られた。

今も語り継がれる上杉謙信と武田信玄の川中島での一騎打ち、山本勘助が進言したキツツキ戦法、その失敗は天候を読めなかったからで戦術の失敗ではないのだが、勘助は川中島で戦死した。徳川軍を二度も悩ませた真田三代の上田城をめぐる戦いは楠木正成を超える奇妙奇抜な戦法だった。これらは孫子の日本的活用と言えなくもない。

しかし孫子の重要性は戦いの具体的戦術の妙より、じつはインテリジェンスにある。「間諜」の多様な活用を日本では孫子の戦術に大いに学び、織田信長はさかんにスパイを駆使し偽造文書、偽情報、攪乱工作に利用し、卓抜な陽動作戦を展開した。豊臣秀吉は調略《ちょうりゃく》（謀略）の天才といわれた。軍師は竹中半兵衛と黒田官兵衛だった。

江戸時代になると徳川幕府が研究を奨励したこともあって兵学者らは孫子について本格的な、多角的な研究をなし、同時に日本的な立場から辛辣な批判が加えられた。

日本の儒学者らの基本的な批判は、はたして謀略中心で「兵は詭道なり」という孫子の兵法は、日本人の体質や伝統文化、とりわけ武士道の倫理にどこまで合致するかという議論だった。

つまり日本は「詭道とは卑怯なり」とする独特の美意識が、孫子を一方で強く嫌う流れにもなった。徳川家康が最も愛読したのは孫子ではなく徳により政《まつりごと》の安泰を追求した『貞観《じょうがん》政要《せいよう》』だった。

日本で流布した孫子のテキストは三国時代の英雄、曹操《そうそう》が編集した十三編からなるもので、世界に翻訳され普及しているものと同じである。所謂《いわゆる》「孫子十三篇」だ。日本の解説書の殆どはこの曹操篇を基準としている。

しかし一九七二年に山東省臨沂県銀雀山の前漢時代の遺跡から竹簡に書かれている孫子（孫《そん》武《ぶ》の作と言われる）が発見され、曹操の篇とはやや異なる事実が大きな話題となった。また大正時代に大谷探検隊が敦煌から持ち帰った孫子の断片も研究対象となった。

秦の始皇帝の時代、孫子は八十二巻であったとも言われ、そもそも原典の木簡は他にもいろいろ書かれ、あるいは文章が異なったり順番が異なったりする。しかしこうした専門的な議論は本書の目的ではないのでこれ以上は論及しない。

むろん孫子は本場のシナ大陸で尊重され、後漢を樹《た》てた劉邦の常勝将軍・韓信は「背水の陣」など孫子から学び、三国志では蜀の軍師だった諸葛孔明が多用し、呉の孫権もまた孫子の愛読者だった。赤壁、五丈原の戦いなど盛んに京劇で演じられた。

しかしなんといっても孫子の兵法を読みこなし革命に応用したのは毛沢東である。その持久戦、その矛盾論、その農村から都市へのゲリラ戦法に如実に孫子の影響が見られる。毛沢東の『中国革命戦争の戦略問題』は「敵を知り己を知れば百戦すべて危うからず」という孫子の基本に立脚している。そしてこれを現代に援用しているのが中国共産党と過激派テロリスト集団のＩＳＩＬ（イスラム国）である。

日本の戦国武将が援用したのはむしろ「用兵」「兵站」、とくに「経済」（費用対効果）の項目である。

人を驚かせる戦法で楠木正成がさまざまな奇策を多用した赤坂・千早城の攻防、足利尊氏から山名宗全など夥しい武将らが孫子に親しんだ。その軍師らは全篇を暗記して将軍や藩主以下に講義したほどだった。源義経から上杉謙信、そして真田幸村も熟読玩味して大阪冬の陣で徳川方を慌てさせた奇襲や真田丸の構築などの戦法（35ページに詳述）に生かした形跡がまざまざと見られる。

徳川家康は大変な読書家で孫子も何回か読んだ。家康は武田信玄に三方原《みかたがはら》で無惨な負け方をし、浜松城に逃げ帰ったとき、「空城の計」を思い出して城を掃き清め、随所に篝火《かがりび》を焚き、琴を弾かせて城門を開け放ち、あまりの静けさに大がかりな謀略があるに違いないと武田側を警戒させた。結局、武田軍団は浜松城を攻めることを諦めた。

「空城の計」は孫子を応用した諸葛孔明の故事に由来する。信玄が孫子を読み、家康がその裏を読み、信玄はもう一つ、その裏を読んでいたから浜松城の出来事に繋がった。

家康はさらに「小牧・長久手《ながくて》の戦い」で十二分に孫子の間諜篇を活用し秀吉軍に勝利した。大がかりな諜報戦争が小牧・長久手の背景に絡みついている（この詳細な検証を第三章でおこなう）。

ところが戦闘では負けても、それ以上の大がかりな謀略で政治的に勝利し、その後、天下を先に奪ったのは家康ではなく秀吉だった。日本の歴史家や小説家はこの諜報合戦でもあった「小牧・長久手の戦い」の本質を軽視しているけれども重大なポイントであり、本書は具体例として孫子的アングルから詳細に検討したい。

江戸時代、孫子を詳細に評したのが山鹿素行《やまがそこう》（『孫子諺義』）、新井白石（『孫武兵法択』）、荻生徂徠《おぎゅうそらい》（『孫子国字解』）、そして幕末に最大級の孫子の理解者兼批判者は誰あろう、かの吉田松陰である。

松陰は松下村塾でも孫子を克明に講義し、その記録として『孫子評註』を書き残した。実に丹念に綿密に孫子を解題した（第五章に詳述する）。これが後世、乃木希典の校閲を経て海軍幹部学校の教科書ともなった。この事実は現代日本人からすっぽりと忘れ去られた。戦後日本の連続した外交的敗北は、この方面の研究不足によるのではないか。

敵を知り己を知れば百戦危うからず

現代日本の孫子解釈はビジネス書や人生読本的な文脈で多用されている。これは世界の奇観である。

欧米の学者は国家安全保障の議論で孫子を論じることはあっても、日常生活や経済活動にまで孫子を援用することは稀である。したがって現代日本人の多くは吉田松陰が『孫子評註』を残した事実を知らないだろう。

ビジネスマン、経営者が独特の視点から商い、その経営学に孫子を活用している。すなわち「孫子の商法」や「孫子的な生き方」であり、書店に行くと「孫子の兵法による株式投資」とか「マンガで読む孫子入門」という類の本まである。

ある日、畏兄の加瀬英明氏から『ユダヤの商法』が大当たりしてベストセラーとなったので、「中国でも華僑商法のバイブルみたいなものはありませんか、次に日本の読書界に紹介したい」と訊かれた。筆者は即座に「中国でたくさん出版されている『孫子の商法』でしょう」と答え、後日何冊かを持参した。

このように孫子は中国ばかりか、日本でも実業界や商業関係者の間では「商法」という観点からの孫子解釈が大流行、最近の典型は伊丹敬之氏の書いた『孫子に経営を読む』だろうか、グーグルやサムスンの成功例を孫子のいくつかの箴言から教訓化して正攻法と奇策の混合をパターン化してみせた。

こまったことに日本では肝心要の軍事的側面からの孫子へのアプローチが少ない。防衛と安全保障議論を閑却してきた戦後の安直な風潮が背景にある。

これらに類《たぐ》いする「孫子モノ」を筆者は随分と読んだが、その多くは自己流の解釈、都合良く取捨選択した成功譚などにうまく編集し直されているが本義が見失われている。

そこでこの小冊では日本の孫子本テキストが漢文読み下しのあとの解釈というスタイルが持つ弊害を突破するため、第一に中国語原文を重視しつつ、第二に文節によっては英語でどう訳されているか、日本語訳との相違点は何かを比較した上で、いくつか重要な孫子の箴言をピックアップして掲げた。さらにいくつかの説明では吉田松陰の解釈も併記する。

そのうえで孫子の戦術を具体的に応用した戦闘のケース・スタディ、その検証として現代世界、とくに孫子本家の中国で起きている政治、経済、文化面での孫子的な応用を第四章では考えてみることにした。もちろん米国、ロシア、そして産油国で起きている大混乱など、列強の外交戦略をも孫子的視点にたって勘案した。

孫子の肯綮《こうけい》を先にまとめてみると、次の七つのポイントに集約される。
一、戦争は国の大事である
二、最良の策は戦わずして勝つことであり、「敵を知り己を知れば百戦すべて危うからず」
三、兵は詭道である
四、上策は謀《はかりごと》を伐ち、中策は外交で勝ち、下策は兵を交え（戦争をする）、下の下は城攻めである
五、将の器量と天候、地勢などによる作戦の判断が重要である
六、士気を高めるには敵愾心《てきがいしん》を煽《あお》り、戦いは即断即決、城攻めなどの持久戦はよほどの覚悟が必要である
七、したがって多様な間諜（スパイ）を同時多発的に使い分けよ。

というわけで本編で縷々《るる》解説・解題を展開してゆくが、この小冊が他の孫子解説本と異なるポイントは逐条解釈は簡略なものとして（類書が山のようにあるから）、右にみた七つのポイントが外すことのできない重要箇所ゆえに、これらの部分に集中し、国際政治での具体的事例を掲げるスタイルをとる。

なおテキストとして用いた中国語版は中華書局発行の中国古典名著解註叢書『孫子兵法新註』

と浅野裕一『孫子』（講談社学術文庫）とに依拠し、日本語解釈は町田三郎訳注『孫子』（中公文庫）版ほかを、そして英語はオックスフォード大学出版会（リデル・ハート解題）の『SUN TZU――THE ART OF WAR』を用いた。

また吉田松陰の『孫子評註』のテキストは『吉田松陰全集第五集』（大和書房版）によっている。

文中の写真はすべて筆者が撮影した。

平成二十六年師走　宮崎正弘

日本と世界を動かす悪の孫子◆目次

プロローグ　孫子は大いに誤解されてきた……3
「風林火山」は孫子が嚆矢　3
敵を知り己を知れば百戦危うからず　9

第一章　国際情勢で理解する孫子概論――19
計とは戦略の優劣にある　20
智将の先見性と判断力　24
謀略で攻撃せよ――小田原評定の場合　32
必勝の態勢とは何か　37
勢いを作り出すことが枢要である　40
虚報を流し陣形を偽装し敵の弱点を突け　45
主導権の握り方　51
「指導者」とは　57

伏兵に注意せよ！　一寸先は闇だ　65
地勢、地形を巧みに利用して常勝する　68
地形の判断を怠るな　73
軽々しく戦争を起こすな　75
スパイの多様化こそ戦争の要諦　78
世紀の用間戦略で勝ったのはスターリン　83

第二章　日本人は孫子をどう読んだか、その重要部分――89

孫子の正しい読み方　90
信長は孫子に通暁していた　94
信仰心を敵に回す愚　100
兵糧攻めの見本、三木城干殺し　101
中国のシークレット・エージェント　105
そしてプーチンも孫子を愛読？　112
「反日」をビジネスにする人たち　115

関ヶ原はインテリジェンス戦争の総決算 121
孫子を知らない悲劇 124

第三章 これぞ孫子の世界! 日本史上最大の諜報戦争 —— 129

「間諜」とは国家安全保障の根幹 130
北朝鮮のやり方と孫子の類似、非類似 133
諜報戦争の色彩が濃い小牧・長久手の戦い 137
背後の攪乱に一向宗門徒も活用 144
野戦と謀略を組み合わせる 150
死間の巧妙なる投入 156

第四章 孫子で動く世界 —— 163

第一節 中国の戦略は孫子の負の側面
権力闘争に明け暮れる共産党のエリートたち 164

孫子で動く人民解放軍 165
共産党、謀略の歴史 171
アメリカの日本謀略に荷担した国民党 176
デマ報道、風説の流布、偽情報の拡散を行う韓国 179
ヒューミントで米国より優位に立つ中国 182
世界でも反日・親中プロパガンダ工作 185
中国は米国の衰退を待ち、対日戦争に備える 186
第二節　孫子を知らないオバマが「イスラム国」を生んだ
中東産油国の激変を孫子風に読むと 192
インドのハイテクシティ「ハイデラバード」からも「イスラム国」に 196
トルコとクルドとＩＳＩＬ 198
ＩＳＩＬを生んだのは英米 200
孫子を読んだことがないオバマ大統領 203
中東の歴史の闇 207

第五章　孫子最大の理解者は吉田松陰だった――― 209
吉田松陰は兵学者だった 210
間諜とはインテリジェンス 214
「戦略論」の不在 218
そして『超限戦』の幕開け 222

エピローグ　孫子を超えるか？ 日本外交 ………… 228
戦略はそもそも矛盾に満ちている 228
孫子の末裔たちの哀れな物質主義と無神論 230
楠木正成は孫子を重視したが、作戦には応用しなかった 233
静かに動き出した日本の戦略 239

第一章

国際情勢で理解する孫子概論

計とは戦略の優劣にある

孫子を総説的に述べるとすれば、次のような構成となっている。逐条解題は類書に任せることとして、筆者が重要と思われる項目の強弱をつけて解説してみる。

第一篇　計篇〈いかなる計画を立てて、戦争を見積もり勝利に導くか〉

一　無謀な戦争をしてはならない、つまり勝てると推量される敵としか戦わない。戦争は国の大事である

この点は最重要部分の一つなので次章でもっと詳細を論じる。

毛沢東は敵が弱くなるまで延安の洞窟にじっと隠れ潜んで、いよいよ勝てるという段階になって一気呵成《かせい》に蔣介石・国民党軍との勝負に出た。

国共内戦で蔣介石を台湾へ追い出した。「窮鼠却って猫を噛む」というように蔣介石の台湾への退路へは深追いを避けた。孫子の兵法は敵を包囲しても、必ず逃げ道を残せと示唆しているように、もし退路も塞ぐと敵は死にものぐるいになりこちらの犠牲も増えるからだ。

戦争とは敵を騙《だま》すことであり、戦術には何でも許される。戦争となれば何はともあれ勝つこ

とである。孫子第七篇「軍争篇」の二項は次のようにいうではないか。「諸侯の謀《はかりごと》を知らざる者は、あらかじめ交わること能わず。山林、険阻《けんそ》、沮沢の形を知らざる者は軍を行《や》ること能わず、郷導を用いざる者は、地の利を得ること能わず」と。

この箴言《しんげん》にたつと、日本を騙した中国人の筆頭は誰あろう、孫文であり、蔣介石であり、そして毛沢東である。直接武器をもって戦うばかりが戦争ではない。現代の戦争は謀略に基づく宣伝戦、心理戦、法廷戦など政治が深く絡む総合戦である。

辛亥革命の立役者は孫文だが、彼は外国での名声だけで大統領に祭り上げられたが、それなり壮絶な謀略戦が舞台裏で戦われた。その過程でお人好し日本人多数がころりと騙された。まさに戦争とは相手を出し抜き、徹底的に相手を騙す詭道《きどう》を用いるものなのである。

かねてから筆者は「孫文はペテン師」と考えてきた。ところが日本には依然として孫文神話が残り、「君はなんという失礼なことを言うのか」となじられたこともあった。以前、国民党独裁時代、台湾で政府関係者に会うと、「我が国は大変、お世話になったが、あの宮崎滔天《とうてん》先生のご親族か？」などと質問され、面食らったことが何回もある。

孫文は頻度激しく日本にきて宮崎滔天らの篤志家や大陸浪人、炭鉱財閥、はては浪漫派からたっぷりと政治資金をあつめたが、殆どを遊興費に使い、残り滓《かす》を革命運動に回した。このため孫文の身内の評判はすこぶる悪かった。

知られざる事実は、孫文が秘密の暗殺部隊を組織していたことだろう。政敵を次々と暗殺した。宋教仁《そうきょうじん》（事実上の国民党の指導者。日本留学組）は袁世凱の放ったテロリストに暗殺されるが、黒幕は孫文だろうと早くから指摘していたのは北一輝《いっき》である。宋教仁に関する著作が日本ではほとんど無いが、黄興《こうこう》についての評伝も日本では見かけない。あの辛亥《しんがい》革命の本当の立役者は歴史から消え去り、横から成果をもぎ取った孫文の神話だけが残った。

孫文の日本亡命時代に側室まで二人提供し、ボディガードもつけてあげて身代をつぶしたのは宮崎滔天、頭山満《とうやま》など。孫文がインチキだと見抜いてさっと距離を置いたのは内田良平、最初から冷ややかに見ていたのは北一輝だった。日本に亡命してきた康有為《こうゆうい》（戊戌《ぼじゅつ》変法の立役者。失敗して日本に隠れた）などは、孫文が面会を求めてもテロリストの類《たぐ》いと邪推し会いもしなかった。

さて、その孫文の詭弁と日本をいかに騙すかのノウハウを見ていたのが蔣介石である。蔣介石は日本への留学経験もあり、日本人のどこをくすぐれば心の琴線に触れるかを、よく心得ていた。「以徳報恩」などと戦後よくまぁ、でっち上げたものだ。

要するに孫文伝説、蔣介石神話をつくったのは、見事に騙された日本人のほうである。凶暴な殺人鬼・毛沢東を「偉大な指導者」などと祭り上げたのもスメドレーやエドガー・スノーなど欧米ジャーナリストで共産主義者の「功績」も大きいが、日本で毛沢東神話の形成に助力したのは井上清、亀井勝一郎などの日本人だった。だから田中角栄はみごとに毛沢東の詭弁にひっかかった。

渡辺望氏の『日本を翻弄した中国人　中国に騙された日本人』（ビジネス社）には次の指摘がある。

神話や伝説に関しても同じである。文明間や時代間にあって、史実からずれていくような知識や解釈でも、それが美しい教養、生きるための知恵になるということはたくさんある。それは日本と中国の文明間にあっても同じである。私たちの考える「老子」が「教養としての中国」の世界の住人に過ぎなかったとしても、それは少しも否定されるべきものではない。

しかし、現実の中国・中国人と付き合うとき、個人の教養として存在していた「教養としての中国」は、それだけではとても役立たないことも事実である。それどころではない。自分の中の「教養としての中国」を取り違えると、とんでもないことが起きてしまう。

と鮮やかな比喩を展開している。

それが孫文、蔣介石、毛沢東への誤解の基本に横たわるのである。

そして奇妙な親日家ぶった蔣介石と毛沢東は最後に日本を見事に引っかけてしまった。「以徳報恩」というのは道徳的にシナのほうが上で、劣等日本を寛容にも許すという意味でも心理戦、宣伝戦の戦術でしかなく、こういうスローガンを鵜呑みにして台湾へ謝罪にいったり援助したり、田中角栄は日中国交回復をいきなりやってのけ、中国共産党の罠にすとんと落ちた。

二　勢いは利によって権を制する
三　兵とは詭道である
四　戦う前に勝敗を知るには緻密な計測が必要である

これらが冒頭の計篇にでてくる事柄で重要なことばかりなので次の第二章に縷々《るる》論じ、この章では話を先にすすめる。

智将の先見性と判断力

第二篇から第十二篇までは山鹿素行が「通読すれば良し」と的確に評価したように率直に言えば参考程度である。つまり「戦術」に関しての論議はほぼ世界に共通の事項。作戦に関するノウハウをくどくどと述べたものでそれぞれを概括してまとめると次のようになる。

第二篇　作戦篇

主として戦争の経済を論じた箇所で長期戦のコスト対効果、遠征のコスト、心理的効果などを説いている。

一　戦争は莫大な費用がかかるため、コスト重視の考えをもて

中国人は言うまでもなく孫子の末裔である。今の中国を読み解くキーは共産党上層部の動向と軍の動きである。

中国軍の制度改革、とりわけ組織再編の骨格を一瞥《いちべつ》してみると中国も無謀な軍拡を続けながらも「費用対効果」に大きく拘《こだわ》っていることが鮮明になる。

現在計画中と言われる中国人民解放軍の「軍事改革」は、「七大軍区」を「五大戦区」に大改変（東西南北の各戦区と中央戦区）し、一五〇〇キロ防衛圏を二倍の三〇〇〇キロに延長すると同時にハッカー専門チームを全戦区に設置するという。

北方戦区は北京を中軸に東北三省と内蒙古、天津、河北、山西、山東北部。

東方戦区は杭州を基軸に山東南部、江蘇、浙江、福建、江西、広東東部。

西方戦区は成都が本部で新疆《しんきょう》、陝西《せんせい》、寧夏《ねいか》、甘粛《かんしゅく》、青海、四川、重慶、チベットをカバーする。

南方戦区は広州が拠点で雲南、広西、広東西部、海南島。

中央戦区は武漢を拠点に華南、湖北、湖南、貴州をカバーする。

また軍事学院と国防大学を合併させ、軍楽隊や雑伎団の縮小、付属医院の大幅な再編縮小など効率を重視し、必要最低条件を満たさない付属機関にばっさりと大なた。習近平が獅子吼《ししく》する「いつでも戦争の準備ができる」態勢への転換が骨子《こっし》となっている。

軍制改革案の目玉を並べると次のようになる。

一、「進攻思想」を樹立する
二、海外利益をさらに拡大する
三、世界戦略行使のため、海外拠点、あるいは臨時的な海外基地の構築
四、中国から三〇〇〇キロに亘る領海・領空の防御態勢の完成
五、米軍に対抗できる空軍力の保持

これら五つを見ただけでも「積極的防衛」「沿岸警備」などという毛沢東時代の防衛思想は消えており、アンダマン海の無人島をミャンマーから借り受け、インド海軍を睨んでスリランカとパキスタンに将来の軍港に転用できる港湾建設を急ぎ、突如、日本の防空識別圏に重複する「防空識別圏」を一方的に設定し、ステルス戦闘機開発など、いずれにも戦略的整合性がでてきた。

二　長期戦を避けよ

「故に兵は勝利を貴び長期戦を避ける。用兵の巧い将軍は民の司命にして国家安泰を導く」。孫子の言うコスト対効果を兵站重視の発想から言えば、城を包囲する作戦はカネとエネルギーが費消されるため可能なら避けるべきだという。

しかし長期戦を回避できない場合、どうするか。孫子は「智将はつねに兵隊の糧食に留意せよ」（善用兵者、役不再籍、糧不三載。取用於国、因糧於敵）という。

わが戦国時代の戦闘で長期戦の代表例の一つが備中高松城を囲んで豊臣秀吉が展開したものだ。『太閤記』のなかで最も面白い城攻めは、この高松城水攻め、大河ドラマや映画でもお馴染みである。

高松城を囲む大きなダムを作って城一つを水の中に沈めてしまおうというのだから発想そのものが武将というよりエンジニアの感覚だ。秀吉の城攻めには鉱夫、測量士、石工などエンジニアが多数動員されている。そうだ、秀吉は現代風に言えばゼネコンの頭領でもあったのだ。

日本歴史上の「三大水攻め」と呼ばれるのは備中高松城、紀州太田城、武蔵忍《おし》城の攻防である。いずれも新しく堤防を築いて河川の流れを変え、水中に城を孤立させるか、あるいは沈めてしまおうという発想に基づく壮大な軍事作戦だ。しかし武蔵国の忍城水攻めは秀吉麾下《きか》の石田三成が行ったことで、築堤工事に失敗したため逆流し、むしろ攻める側に夥《おびただ》しい水死者を出した。石田三成は孫子のいう「智将」ではなかった。

高松城水攻めでは「カネの集るところヒトが集る」という市場原理主義、商業の基本原則が生かされている。

この巨大なダム工事を支える潤沢な軍資金を用意した秀吉の才覚と、石垣を積む穴太衆《あのうしゅう》などに加えて困難な土木工事のエンジニア・チームを黒田官兵衛を中心につねに確保していたことを経営の参考としてもおさえておきたい。しかも土嚢工事は敵地の農民にカネをばらまいて土嚢を運ばせ、突貫工事で作らせた。まさに敵地でまかなったわけである。

筆者は備中高松城の現場に二回行ったことがある。この高松城水攻めの跡へ行くと秀吉の築いた堤防跡が一部ながら残っている。秀吉は蛙ケ鼻から足守へかけて全長三・九キロ、高さ七メートルの堤防を築いた。それこそ陽気に、カネと太鼓で人々を集めた。法外な土俵作りの価格を設定して喧伝したので遠くは岡山あたりの百姓まで土俵をせっせと運び込んだ。昼夜兼行《ちゅうやけんこう》の工事に何万という人々が動員された。鳥取城包囲作戦もそうだったが、こんな型破りの城攻めはなかった。

備中高松のあたりは古代の神々が鎮座する神秘とロマンに満ちている。千二百年前に報恩大師の建てた最上稲荷総本山妙教寺の鳥居は日本一とも言われる大鳥居の一つとしても知られ、高松城址《じょうし》のすぐ脇に位置する。大和朝廷から派遣された四道将軍の一人・吉備津彦命《きびつひこのみこと》を祀る吉備津神社と吉備津彦神社は道中にある。この山の頂上に黒住《くろずみ》教の本部もある。

巨大なダム工事の完成によって、高松城が完全に水に浸っていた頃、京の本能寺では主君信長の周辺に異変が起きていた。諸将の不在をついて、明智光秀が信長の宿舎を囲み、滅亡させた。

三　兵站こそ生命線である

秀吉の兵法のことを続ける。天下取りの総仕上げとなった小田原城攻めにしても半分が遊びのように展開した。この戦法はユニークであり、北条方の降伏をまって天下を完全に握った秀吉は最大のライバル・徳川家康を関東へ追いやった。

ドンチャン騒ぎの城攻めが趣味に見えた秀吉の面目躍如となった小田原攻めは東側を守った家康軍とは対照的に西側の石垣城周辺は毎日毎晩浮かれっぱなし、しまいに秀吉は長期戦に備えるためとして自ら愛妾《あいしょう》まで呼び寄せる。愛妾淀《よど》殿が小田原城を囲む陣中に呼ばれた。秀吉の正妻は糟糠《そうこう》の妻、寧々《ねね》だが、性豪として天下に名をとどろかせる秀吉には愛妾が多く、しかも側室の多くは高貴な出自の娘たちである。淀城までつくって寵愛《ちょうあい》した淀殿は信長の妹お市の娘。三の丸殿は信長の娘、姫路殿は織田信包《のぶかね》の娘、京極殿は名門京極高吉《たかよし》の娘、三条殿は蒲生氏郷《がもううじさと》の妹、加賀殿は前田利家の娘といった具合である。

対照的に家康は、家の威光などどうでもよくて、もっぱら安産系の女を選んだ。実利的であり、ひたすら子孫を多く残して徳川家の安泰を謀ったからだが、愛妾の選び方や操縦術までは孫子には書かれていない。

次の描写が生き生きと雰囲気を伝える。

小田原総構へ攻め寄せた人数はさておき、後陣は山野に寸尺の地の隙間もなく、峰を登り谷を下り、軍勢が充満していることは、その際限もわからない。往還の道は、馬の足音、物具の音が一日中鳴り止むことはなかった。兵糧米を運送することは、西海の大船小舟数千艘とも数もわからない。それゆえ、陣中は豊である。東西南北に小路を割り、大名衆は陣構えとして広大な屋形造りをし、書院・数寄屋を立て、庭に松竹草花を植え、そしてまた、各陣屋の敷地の周りには、野菜として瓜・茄子・大角豆《ささげ》を植え置き、町人は小屋をかけ、諸国の津々浦々の名物を持って来て、売買の市を開く。あるいは、見世棚を構え、唐土・高麗の珍物、京・堺の絹布を売る者もあり。あるいはまた、穀・塩・肴・干物を積み重ね、生魚を束ね置き、何でも売買しないということはない。京・田舎の遊女は、小屋をかけ置き、華やかさを競った。その外、街道の傍らに、茶屋・旅籠屋があって、陣中は貧しいということはない。

（『北条五代記』矢代和夫・大津雄一、勉誠出版）

まるで城を囲んで万博を催しているような風情で、秀吉はこのとき、小田原攻めが終わったら徳川家康を関八州に移封させるなど次の天下取りのための構想に熱中していた。

「戦《いくさ》とは奇想天外なものよ」と家康をして言わしめたのは、小田原城を囲んだこの秀吉の型破りの城攻めのときであった。

秀吉にとっては独創が人を動かし、国を作り直すという信念があった。だから信長の天才的な軍事独創に秀吉は人誑《ひとたら》しという高等な心理戦術を加えた。

家康の独創はと言えば、それらすべてを基礎に考え抜いた人材の配置を加え、機能重視の組織体（幕藩体制）を確立したことだろうか。
四　兵の士気を高めるには敵愾心を煽れ
この項はエピローグで説明する。
五　戦争とは勝利が目的であり、長期戦ではない（故兵貴勝、不貴久）
翻って現代世界を眺めやれば、ブッシュからオバマ政権と続くテロ戦争はテロリスト殲滅が目的とはいえ、長期化し、米国経済を疲弊させることは明らか。米国はテロ戦争で身動きができなくなり、アジアの軍事力を減らしたとき、中国はチャンスとばかり覇権の確立を急ぐ行動を執るだろう。すなわち米国は孫子が説いたことと反対の道を歩み、中国は孫子の戦術通りに進むのだ。

謀略で攻撃せよ――小田原評定の場合

第三篇　謀攻篇

一　百戦百勝は最善でなく戦わずして勝つのが最上である
二　上策は謀略で相手の謀略を討ち、中策は外交で攻め、下策が実際に戦争をやること、下の下は城攻めである（故上兵伐謀。其次伐交、其次伐兵。其下攻城）

このように第三篇はほぼすべて実際の戦闘より謀《はかりごと》の重要性を説く。世に「小田原評定」というのは、会議ばっかりで幹部の優柔不断、決断がなかなかできないうちにもっと不利な状況に陥没してしまう代名詞である。

秀吉が二十万人を動員して囲んだ小田原城の帷幄《いあく》では、決戦か、降伏か北条側の談議は延々と続いた。

秀吉は水軍も大動員して海上も封鎖した。今日の世界情勢でいう経済封鎖だ。これで北条側の籠城戦術は決定的に不利になり、内部分裂がおきるのは必定である。

城攻めを力ではなく戦わずして相手を降伏させるという日本独特の方法は、足利時代から戦国期に定着したと考えられる。しかしすでに秀吉は三木城、鳥取城、高松城で経験済み。その史上空前の規模で展開されたのが北条氏を攻めた小田原の決戦だった。ここには最後まで去就を曖昧にしていた伊達政宗も遅参した。

北条家は謎の武将、北条早雲《そううん》が開祖、伊勢から流れ込んでいつの間にか沼津あたりで興国寺城主となり、伊豆半島を瞬《また》く間に侵攻し、やがて三浦半島へ進出して地元の三浦氏を滅ぼした。北条早雲の後継者は武勇と知略にすぐれ、関八州を勢力下においた。その拠点が小田原である。

秀吉軍は伊豆半島を南へ攻め、奥伊豆の諸城も片っ端から落とし、韮山《にらやま》から箱根の中腹に大がかりな空堀を施した山中城を総攻撃、さらに小田原箱根の麓に一夜城を構築して、さかんに小田原を封じ込める一方、関八州の北条麾下の城を次々と落城させる。

さて降伏勧告への条件は第一に敵側に厭戦気分を蔓延させることで、食糧封鎖が最も効果的である。厭戦気分が猖獗《しょうけつ》を極めると敵陣営に内訌《ないこう》が生じ、うまくすれば内応者、すなわち裏切りがでる。

第二に内応者から敵の勢力図、主戦派、非戦派の人脈を掌握し、どの幹部を口説けば、あるいはどの幹部に脅迫をかければ良いかを判断する。

第三は交渉を急がない。手の内を見せず、余裕を持って先に強い条件を提示し、相手がいずれ呑まざるを得ないように仕向ける。目の前で敵がうらやましがるような酒盛り、諸芸、能舞台を見せつける。物量の差、武力の格差も見せつけつつ、時間をかけているようで、じつは相手を焦らせる。

小田原城内はてんやわんやの大騒ぎとなって、とうとう内通が出た。小田原本丸に籠城する北条氏政、氏直に近い幹部は和睦派の親玉である太田氏房《うじふさ》だった。秀吉側の軍師・黒田官兵衛はこの氏房に北条方の説得をさせるべくまずは陣中見舞いとして酒の大樽を二つ、漬け物を届ける。やがて丸腰で官兵衛は敵陣営に単身乗り込んで降伏を説得した。

三　敵は少数でも精鋭なら手強い

四　指導者の資質が戦争の優劣を決める

徳川家康が関ヶ原で豊臣の代理人石田以下を滅ぼしたものの、天下の安寧を万全とするために豊臣秀頼を仕とめておく必要があった。このため難題をふっかけて豊臣秀頼に戦争を仕掛ける。通称「大坂の陣」での豊臣方のあっけないほどの政治的外交的敗因は将軍の器の優劣に尽きる。

まことに孫子のいう「将の器」が豊臣秀頼にはなかった。

秀頼は巨漢、一九二センチ、一四〇キロと推定され、言うならば相撲取りである。動きが鈍く乗馬ができないため前線を視察して軍の末端までを鼓舞することができない。兵卒を励ますことができなければ味方が奮い立たず、やる気を喪失するだろう。こんな大将がトップでは士気が上がらない。

まして豊臣方の事実上の司令官は大野治長である。治長は軍事知識があり、兵法をそらんじるほどの学究でもあり、稀代の能弁家であったが、机上の空論をもてあそぶインテリ政治家に過ぎなかった。

大野治長は実戦経験が希薄で、そのくせ自分より軍事作戦に秀でた者はおらずと過信している。したがって現場からの提言を無視し、ひたすら徳川との交渉と、淀君・秀頼との連絡が関心事のすべて。せっかく真田幸村、後藤又兵衛という全国にその名を響かせた武将らが大坂方についたというのに、彼らの軍事戦術の提言の多くを大野治長は無視する始末だった。とくに真田幸村が大坂城のはるか東に「真田丸」を建築し始めたとき、大野は徳川に内通したのかと疑った。

しかも大野は楽天的軍略家であったので関ヶ原で減封された佐竹、伊達、上杉、そして毛利、島津は豊臣方につくと誤信しているから始末に負えない。

あまつさえ天下の名城、大坂城は難攻不落、三年でも五年でも持ちこたえるという異常な自信が大野治長の脳裏を左右していた。軍事展開の妙や、軍事技術を知らなかった。

大坂城の前身は石山本願寺、一向宗はこの城を拠点に信長と十年戦った。家康は歳七十を超えており老い先が短いと判断する大野は後藤又兵衛や真田幸村らの活躍で緒戦をリードし、早期に徳川と和議に持ち込むのみが上策、さすれば小田原北条氏の二の舞を回避できると踏んでいた。奇妙な自信と言わざるを得ないだろう。

もとより真田幸村が大坂方に駆けつけたのは、武士の美意識と軍略家としての活躍の場を得たかったことが大きく、豊臣への忠誠よりその動機は勝っていた。彼が与《くみ》したことで大坂方は大いに元気づけられたが、大野は真田幸村に、もし勝利の場合は五十万石という破格の大名を約束していた。

真田幸村は大坂城を見聞し、守勢としての弱点を補強するためには出城を造る。真田丸である。いかように判断したかといえば、城の内外を見渡し、もっと大局的な地政学的視点から大坂の地理上の特徴を掴んで、弱点を見いだしたからだ。

西が大阪湾、東は河川が二本合流し周辺は湿地帯である。北は天満川である。ということは軍略に通じた司令官なら南口から攻め入るだろう。ところが大坂城の南側は門の構え、門の守りに脆弱性があった。このため平野口の外堀のさらに外側に出城を築き、狭間に鉄砲を配置する。まるで巨大な戦船である。

この作戦を歴史作家の中村彰彦氏は次のように評価した。

　北条流軍学においては、城門の外側に四角形の障壁を張り出し、その障壁の左右に切った隙間から騎馬武者を出動させるので、これを「角馬出し」と称する。
　対して甲州流軍学にあっては城門の外側に半円形の障壁を築き、その障壁と元々の城壁に近い左右二カ所の隙間から騎馬武者を出し入れしたものであった。甲州武田家が滅びて三十二年目に、幸村は甲州流軍学によって徳川軍に立ちむかおうと決意したのだ。

（『真田三代風雲録』）

歴史にＩＦは禁物なれども、もし真田幸村が司令官であったら、徳川の勝利は容易ではなく、結末は違ったことになっていただろう。

このほかの具体例は第五編と重複するので後節に譲る

五　「彼を知り己を知らば百戦すべて危うからず。彼を知らず己を知れば引き分けるが、彼を知らず己も知らざれば必ず負ける」。（故兵、知彼知己、百戦不殆。不知彼而知己、一勝一負。不知彼而不知己、毎戦必殆）

これはすでに前節でもみた。

必勝の態勢とは何か

第四篇　形篇（軍形ともいう）

一　勝利は明らかでも、勝機を読むことは難しい。したがって必勝の形を作ること、守備は攻撃よりも強いとしている。つまり虎視眈々と勝機を待てという意味である

二　勝利する軍は開戦前に勝つ展望を得ている。だから敵のミスを見逃さないことが大事である

三　人心を掌握し軍律を守らせる

「善なる者は道を脩めて法を保つ」（浅野裕一氏訳）ことが重要であり、軍律を貴んだ日本軍がいかに強かったたか。反対にモラルも軍律もなく略奪が目的だったシナ軍がいかに弱かったか。

人心を掌握するために敵愾心を煽り団結をたかめる戦術も確かに有効だが、道を外して、あまりに扇動しすぎて逆効果、敵の戦力を倍加させてしまう失敗もある。最近の典型例は韓国の「反日」であろう。

敵愾心を煽って身内の軍隊を団結させ、士気を高めようとする作戦も戦略的に間違えると逆効果となる典型だ。ともかく中国と韓国における近年の「反日」は政治宣伝で自らの貧しさを糊塗し、矛盾をすり替えるテコだが、もはや中毒化した。執拗な反日運動の反作用として日本ではナショナリズムが生まれ、強い団結力が現出した。孫子の応用を取り違えて、敵戦力を倍加させたのである。錯誤としか言いようがないだろう。

北朝鮮からは「地上の楽園」という神話が消え、韓国が「漢江の奇跡」といって持ち上げら

れ、韓流ドラマの爆発的人気があったが、今やすっかり衰えた。「韓国に学べ」などとする浅薄な経済論がはやり一時期は日本からの韓国観光が大ブームとなった。すべては李明博《イミョンバク》の竹島上陸と朴槿恵《パククネ》のイガンチル外交（告げ口）で帳消しされた。日韓の関係は、修復不可能というところまできた。

韓国の反日には、ナショナリズムの育成だけでなく、民族的優位と道徳的優位など多くの理由が潜んでいる。だから「反日」は新しい道徳教育の「要」とまでいわれる。（中略）韓国は建前と本音が異なる社会であり、その建前の部分が反日日本人の協力も相まってか、クローズアップされがちだ。（中略）

「反日」はナショナリズムの育成のテコ以外に、民衆の不幸と不運、そして貧困、転落の現状を一時的に忘却させる効果がある。

なにせ「反日」は戦後韓国が創出した新しいイデオロギーであり、道徳（韓流道徳）であった。

（黄文雄『犯中韓論』（幻冬舎ルネッサンス新書））

反日カードは、まさに「朴大統領を守るお守りにもなる御札」であり、「新興宗教」の類であり、熱中の夢から現実に帰ったとき、日韓関係の修復が不可能という深い傷跡をどうするのか、次に悩むことになるのは韓国である。

四　兵法で大事な五つとは(イ)ものさしではかること＝度、(ロ)ますめではかること＝量、(ハ)数えはかること＝数、(ニ)くらべはかること＝称、(ホ)勝敗を考えること＝勝

五　兵に勢いをつかせることが必勝の態勢を心がける。孫子は、これを「積水を千仞《せんじん》の谷に決する」と説いた

勢いを作り出すことが枢要である

第五篇　勢篇（**兵の勢い**）

一　軍の編成、つまり集団の操り方を述べ、「凡そ衆を治むること寡を治むるがごとくするは、分数是れなり」とする。大軍でも少数集団のように軍勢を整備する必要を説いた

二　奇と正を混交し作戦に用いる（凡戦者、以正合、以奇勝）

武田信玄の軍師、山本勘助が立案した「キツツキ戦法」とは、天下の雌雄を決しようと武田信玄と上杉謙信が戦った川中島で編み出されたが、予想しなかった天候悪化が出現し、作戦は失敗した。武田の敗因は軍の勢いを形成しながらも予期しなかった天気の急変で敵の上杉に勢

海津城はキツツキ戦法の拠点

いを付かせたことである。

妻女山《さいじょさん》に陣取った上杉に対し、余裕をもって平原の松代（海津城）に陣を構えた武田軍は孫子のいう「奇」、すなわち「キツツキ戦法」を発案したが、あいにくの天候のため、逆に霧をついて信玄本陣に上杉軍が迫り、しかも謙信自らが信玄に斬りつける事態となった。

信玄は傷を負いながらも、南部鉄の軍配で受け止めたという伝説が生まれた例の戦闘である。実際に三度、謙信は太刀を浴びせた。その現場「川中島古戦場跡」（長野市小島田町）は今、公園となっていて二人の激突場面を再現する大きな銅像が建っており、毎日数百、数千も観光客が訪れる名所ともなっている。

兵力比較では上杉一万三千に対して、武田軍は二万で優勢である。これを妻女山攻撃のため一万二千、留守部隊八千と振り分け、武田軍は海津城から出陣して千曲川《ちくまがわ》南岸を妻女山攻撃に向かう。

迎える上杉謙信は、山中至る所に篝火を焚かせ、あたかも残留したかに見せかけて密かに山を下りた。

勘助の立案ではキツツキのように木の幹に穴を開けて獲物がでてくるのを待つように、妻女山に穴をあけて敵を誘い出し、拠点を一つひとつ攻め立てる方法だった。

上杉がこの方法を見破ったのは前日の夕餉《ゆうげ》のおり、山から見下ろした平原の松代から川中平にかけて炊飯の煙が勢いよく上がったことである。戦いの前の腹ごしらえとみた。しかも煙は二カ所に上がったため、敵は二つに分かれての進撃と判断したのである。

上杉謙信は先に山を下りて、千曲川を渡河し、川中島に信玄を待ち受けるという大胆な戦法を思いついた。頼山陽《らいさんよう》の漢詩にある「鞭声粛粛として夜、河を渡る」という名場面だ。

妻女山に忍び込んだ信玄の物見、乱波（偵察忍者ら）を斬って情報漏れを防ぎ、さっと陣地を撤去した見事さは上杉のいくさ上手を物語るが、夜来風雨の声なく、翌朝、霧がかかり、川中島一帯は霧雨が降った。この天気が上杉方にとって僥倖《ぎょうこう》となった。まったく大軍の移動を武田側は気づかなかったのだ。

龍虎の対決 信玄と謙信

払暁《ふつぎょう》、霧が晴れ、雨がやむと目の前に敵がいた。驚いたのは武田軍である。総勢二万に対して上杉軍は一万三千、ところが武田の主力は妻女山に向かったため、この局面では上杉一万三千に武田守備隊八千という不利な局面に遭遇したことを信玄は即座に認識した。

上杉が布陣した陣形は「車懸《くるまがかり》」を呼ばれる独特なスタイルで第一段が攻撃し、第二段を「対」の陰陽に見立て、第一段、第二段が半回転し、第二段が交代する。一対は円運動で戦闘を展開し、柔軟に戦いを進めるのだ。

対して武田は歴戦の勇士、しかも甲州流軍学を編み出したほど戦闘慣れはしている。直ちに主力軍が戻るまでの防御態勢を敷いた。当時の戦争では御大将が敵に打たれたら戦争は負け、そのためには信玄を守る影武者を複数用意し、敵を欺く作戦が肝要となる。

そして御旗を意図的に移動させて本丸を隠し、ついで「魚鱗の陣」から布陣を「鶴翼の陣」にすみやかに変更した。信玄の弟・典《てん》厩《きゅう》も、軍師・山本勘助も、この戦いで死んだ。武田始まって以来の苦戦となり、本陣にまで敵に攻め込まれた。

上杉方はやがて妻女山から戻るであろう武田主力をたぶらかせ、千曲川渡河を遅らせるために上流を堰き止めていた。

前夜からの雨で水量が増えていた。堰を切れば、どっと濁流が川下に押し寄せる。案の定、主力軍は千曲川を渡河できず、しばし立ち往生した。そして上流の雨宮まで進んだ。

その武田主力軍に十四歳で初陣だった真田昌幸がいた。この昌幸の次男が大坂の陣で徳川軍をさんざん振り回す真田幸村である。こうして劣勢挽回ばかりか、武田主力軍は上杉を挟み撃ちにできる陣形となった。かくて午前の戦闘は上杉の圧勝、午后の戦闘は武田の辛勝となり、大局的に川中島の勝負は引き分けということになる。

孫子は言う。「紛紛紜紜《ふんぷんうんうん》、闘乱して乱るべからず、渾渾沌沌、形円くして敗るべからず」

三　軍勢のメカニズム

四　戦況は刻々と変わる

五　治まるか乱れるかは軍の編成次第だ
六　敵を誘導する行動をとり、その裏をかいて待ち受ける
七　戦いには「勢い」がある。ゆえに勝者は戦争で勢いを求めるのである（高杉晋作も「時の勢いには勝てない」と言った）

このように三から七までは、上杉謙信vs武田信玄の川中島の戦いの過程を検証しても明らかになるだろう。

したがって巧みに戦う者は、戦闘に突入する勢いによって勝利を得ようとし、兵士の個人的勇気には頼らずに、軍隊を運用する。そこで巧妙に戦う者は、人びとを選抜し適所に配置して、軍全体の勢いに従わせるようにする。

（浅野裕一『孫子』講談社学術文庫）

虚報を流し陣形を偽装し敵の弱点を突け

第六篇　虚実篇（実戦における虚実）

一　敵を利で誘い出す

二　陣形、兵の展開の虚実

三　敵をあやつる

豊臣秀吉が鳥取城を囲んだのは天正九（一五八一）年のことである。

当時の鳥取城といえば久松山、丸山と天然の要塞を利用した巨城であり、秀吉はこの久松山の後背地の山に登り、見下ろす戦法に出た。なにしろ鳥取城は山の頂上にある。山麓にいくつかの曲輪《くるわ》が配置され、軍事的には攻めにくい。

まずは一年も前から若狭から回送されてくるコメを破格の値段で買い入れ、兵糧攻めの周到な作戦を開始した。ついで付近の農民を城に追い込んで籠城者の数を増やし、飢えを促進させようとばかり農家、町屋を焼き払った。そのうえで鳥取城の周囲に長い柵をめぐらし井楼《いろう》を築いた。のちに小田原の北条氏を囲むため箱根に城を築いた「石垣山一夜城」と同じである。そのうえで二万の兵力をもって鳥取城をすっぽりと囲んでしまったのだ。

この規模を実測してみると、当時の鳥取城は相当の城下であったことが偲ばれ、上杉謙信の春日山城に匹敵するか、それ以上の規模である。

鳥取城包囲作戦のあらましを『信長公記』に拾うと次のような興味深い描写にぶつかった。

――六月二十五日、羽柴筑前守秀吉、中国へ出勢、打ち立つ人数二万余騎。備前・美作

打ちこし、但馬口より因幡国中へ乱入、橘川式部少輔楯籠るとっとりの城、四方離れて、嶮しき山城なり。因幡の国は、北より西は、滄海漫々たり。とっとりと、西の方、海手《うなて》との真中、二十五町程隔て、西より東南町際へ付きて流るゝ大河あり。此の川舟渡しなり。とっとりへ廿町程隔て、川際につなぎの出城あり。又、海の口にも取り継ぐ要害あり。芸州よりの味方引き入るべき行《てだて》として、二ヶ所拵え置きたり。とっとりの東に、七、八町程隔て、並み程の高山あり。羽柴筑前守、彼の山へ取り上り、是れより見、下墨《さげすみ》み、則ち、この山を大将軍の居城に拵へ、即時に、とっとりを取りまかせ、頓て又、二ヶ所のつなぎの出城の間をも取り切り、是れ又、鹿垣結ひまわし、とり籠め、五・六町、七・八町宛に、諸陣、近ぢかと取り詰めさせ、堀をほっては、尺を付け、又、堀をほっては、塀を付け、築地高々とつかせ、隙間なく、二重・三重の矢蔵を上させ、人数持面々等の居陣に、矢蔵を丈夫に構へさせ、後巻の用心に、後陣の方にも堀をほり、塀・尺をつけ、馬を乗りまはし候へども、射越しの矢にあたらぬ如くに、まはれば、二里が間、前後に築地高々とつかせ、其の内に陣屋を町屋作りに作らせ、夜は手前手前に篝火たかせ、白中の如くにして、廻り番丈夫に申しつけ、海上には警固舟をおき、浦々焼き払ひ、丹後・但馬より、海上を自由に舟にて兵糧届けさせ、此の表一着の間は、幾年も在陣すべき用意、生便敷《おびただしき》次第なり。

やがて城は落ちた。『信長公記』は続ける。

因幡国とつ鳥一郡の男女、悉く城中へ逃げ入り、楯籠り候。下々、百姓以下、長陣の覚悟なく候の間、即時に餓死に及ぶ。初めの程は、五日に一度、鐘をつき、鐘次第、雑兵悉く柵際まで罷り出で、木草の葉を取り、中にも、稲かぶを、上々の食物とし、後には是れも事尽き候て、牛馬をくらひ、霜露にうたれ、弱き者は餓死際限なし。餓鬼の如く痩衰へたる男女、柵際へ寄り、悵焦《もだえこがれ》、引き出だし扶け候へと、さけび、叫喚の悲しみ、哀れなる有様、目も当てられず。鉄砲を以って打ち倒し候へば、片息したる其の者を、人集まり、刀物を手々に持って続節《つぎぶし》を離ち、実取り候へキ。身の内にても、取り分け、頭能《こうべよ》きあぢはひありと相見へて、頸をこなたかなたへ奪ひ取り、逃げ候へキ。兎に角に、命程強面《つれなき》の物なし。然れども、義に拠って命を失ふ習ひ大切なり。城中より降参の申し様、吉川式部少輔、森下道祐、日本介、三大将の頸を取り進めるべく候間、残党扶け出だされ候様にと、詫言申し候間、此の旨、信長公へ伺ひ申さるゝところ、御別義なきの間、即ち、羽柴筑前守秀吉同心の旨、城中へ返事候のところ、時日を移さず、腹を切らせ、三大将の頸、持ち来たり候。

四半世紀以上前のこと、冷雨とぬかるみの中、筆者は鳥取城址に登り、たびたび頂上を見上げながら距離感をつかもうとしてみた。

あいにくの天候のため鳥取港も砂丘も見えなかった。

当時、毛利方の救援物資も秀吉によって港湾が閉鎖され、鳥取城への兵站ルートが断たれていた。秀吉は軍師、黒田官兵衛を伴って高みから城下を見下ろし、地勢上の軍事力比較と戦闘の展望を推し量り、天然の地勢を目いっぱい活用した。

天然の砦が守勢方にとってデメリットになったケースである。城一つにすっぽりと覆いをかけるように取り囲んでしまおうというのが鳥取城包囲作戦で、奇想天外というより、これもまた土建屋的発想で、気宇壮大《きうそうだい》な土木プロジェクトである。

兵站を断たれた軍がどのように悲惨なものかは大東亜戦争中のレイテ、サイパン、アンガウル、グアムなどにも見ることができる。ともかく鳥取城包囲戦法は奇抜なアイデア揃いだった。こののちも豊臣秀吉は世の常識を打ち破って実にアイデアに富んだ城攻めを展開し、世間をあっといわせ続けた。

四　戦場

五　小競り合いから敵の弱点を見つけ、兵力を集中せよ

六　地形（前節で見た真田丸が典型である）
七　軍のありかたは水の流れに似ている
水は高きから低きに流れるように敵はこちら側の強く見える箇所を攻撃しようとはしない。したがって勢いの虚実を駆使し、水の勢いはつねに一定しないように陣形は四六時変える。

やや飛躍するかも知れないが元小結の舞の海秀平が、その著『勝負脳の磨き方』（育鵬社）のなかで勝負の勘所を述べた箇所が参考になる。

「平成の牛若丸」がなぜ、彼よりも頭二つほど大きな力士に勝つのか、その恐怖をいかに克服しながら勝負に挑んだかの秘訣を通じて、人生の発想を演繹している。

それは「自分の強いところをいかに相手の弱いところにぶつけていくか」という極意に尽きる。だから舞の海は日夜、勝負の世界にあっても「さまざまな技を研究し、相手の意表をつく作戦をいつも考えていました。そのような習慣により、（筆者註・頭脳が鍛えられて）土俵で生き抜くための『勝負脳』が否応《いやおう》なく磨かれた」と秘訣を吐露している。

一手、二手先の見通しを立てる想像力は囲碁師らと共通する要素があるが、問題点の一歩手前を検証するノウハウ、結論を急がず、決めつけを避けないと思考停止となるなど、独特の語り口でその人生訓をそれとなく述べているのはまさしく孫子風なのである。

主導権の握り方

第七篇　軍争篇

戦場にいかに先着するかなど局面打開の主導権について考察している。応用すれば先制攻撃の効率性をも述べている。

この視角から言えば明智光秀が奇襲による本能寺の変の成功でにわか天下を握りながらも秀吉と戦わざるを得なくなり、たちまちにして敗北にいたる山崎の合戦は早陣の取り合いだった。高地の天王山を先に秀吉・信孝連合軍に陣取られた明智軍は焦燥のあげく、作戦の劣悪さに負けた。

もっとも明智方も何もしていないわけではなく、安土城を落とし、秀吉の長浜城を攻撃し、佐和山城も攻略していた。山崎の戦場では勝龍寺城を本拠にして明智光秀陣営は右翼に並河易家《なみかわやすいえ》、松田政近、伊勢貞興、中央に諏訪盛直、御牧兼顕、明智茂朝、左翼に柴田勝定、斉藤利三、津田信春の構えだったが、秀吉側は前日までに天王山を先に占拠してしまうことが勝敗をきめる鍵になると予測していた。ここに秀吉本陣、前衛に高山右近、中川清秀、堀秀政という明智の旧友らを配置して、その戦争の癖を知った武将に手柄を立てさせるという巧妙争いの場を同時に提供する。

そして右翼に遊撃隊的存在として池田恒興《つねおき》を配置し、中央後方に名目上の総大将、織田信孝、その後見人の丹羽長秀を配するという、絶妙の陣立てで臨んだうえ、戦闘の最中、秀吉の軍師だった黒田官兵衛は意表を突く作戦にでた。毛利の旗を立てたのである。

いかにも毛利方も秀吉支援のために軍を派遣したという偽情報の演出だが、これを目撃した明智勢は驚いて引き下がった。種を明かせば、黒田官兵衛が日頃から姫路で造らせてきたニセモノの旗、多くの軍記はこれを小早川隆景から拝借してきたなどと書いているが、まさか敵の軍旗も常日頃から用意しておくべきという戦争のイロハを忘れている。

偽の貨幣、旗指物《はたさしもの》、偽の伝令、偽モノを駆使することは大東亜戦争中に中国が最も得意として、偽の日本軍票や、あるいは毛沢東は蔣介石政府の貨幣を敵地に大量にばらまいて猛烈インフレを醸成し総合力を衰微させた。維新前夜、これに倣うかのように岩倉具視《ともみ》は鳥羽伏見戦争で錦旗を捏造して翻し、薩長軍を鼓舞して徳川の戦意を喪失させたように。

一　強行軍は危険な賭けで、遠回りと見せかけ近道をする高等戦術・同時に荷駄隊というロジスティックスとの距離を保つ

関ヶ原で焦燥する石田三成の拙速は雨を徹しての強行軍で陣取りした。疲労困憊していた石田三成は緒戦から劣勢に陥っていた。

二　変幻自在の進撃はいかに敵を欺くかという戦術であり、武田信玄は上洛のおり、急ぎ足

と長逗留を使い分け、織田、徳川軍を悩ませた
三　「風林火山」のフレーズがここでも出てくる
四　敵軍の士気を喪失させるために旗を立て、それを自在に移動させ、鉦と太鼓を変幻自在に打ち鳴らし敵の判断を誤らせる

近年、中国の加工食品のでたらめな生産管理が問題となっているが、KFC、ピザハット、バーガーキング、吉野家、セブン‐イレブンなどに加工食肉を卸していた外資系食品加工企業の「上海福喜食品」が平然と期限切れの食肉を使っていた事実が曝露されたときは、世界に衝撃を運んだ。

しかしこの程度の事件は、中国の食品加工業界において氷山の一角であり驚くに値しない。だが、報道を統制している中国のテレビが、むしろ大々的に取り上げた。なぜか。外資系企業ねらい撃ちなのである。

これは中国の宣伝戦の一環とみるべきであり、しかも背後には上海派を追い詰める習政権のどろどろとした野心が絡むという権力闘争の側面がある。

ちなみに摘発された上海企業は江沢民に近いといわれる。断末魔と思われた江沢民がさかんにメディアの前に現れる。揚州で船を浮かべ、スターバックス経営者と面会し、ついで上海を訪問したプーチン大統領とも会見したが、二〇一四年八月には北戴河《ほくたいが》会議にあらわれ、軍幹部

らをともなって海岸で四〇分間、水泳に興じ、その現場を香港メディアに写真を撮らせて健在ぶりを示した。意図的であり、習近平にむかって「これ以上の手出しをするな」とする信号を送っているのである。まさに鉦や太鼓で相手を動揺させる作戦だ。

五　高き台地を目指すな。崖を瀬にするななど地形の選び方を述べているが、この（五）を欠落させたテキストも多い

高陵をめぐる争奪戦に関して言えば成功例は米軍のコレヒドール奪回作戦、失敗はフランスのディエン・ビェン・フー陥落だろう。

前者コレヒドールはマニラ湾の入り口、スペイン時代からの要衝で船の出入りを監視する検問所が置かれた。米軍はスービック湾に海軍基地を設置するが、大東亜戦争以前はこの島を戦略的要衝に活用して、巨大な要塞を構築しマッカーサー司令部がおかれていた。マッカーサーは日本軍のあまりに迅速な侵攻におそれをなして早々とコレヒドールから逃げ出した。

一九四二年、激戦のあと米軍は日本軍に投降した。その数は八万人近く、のちに捕虜を厚遇したにもかかわらず「バターン、死の行進」などと難癖を付けられた。

米西戦争でコレヒドールが米軍の基地となっていたため日本が占領後も、その要塞ごと引き継いだ。

コレヒドール島に残る米軍の要塞跡

一九四五年、コレヒドールが米日の決戦場となった。日本軍はトンネルに籠もり、山側から海岸線を見下ろす陣形で敵軍の上陸にそなえた。米軍を誘い込んで、ここで殲滅する作戦だった。

まさか、米軍は落下傘部隊を投入し、山側から進撃してきたのだ。日本軍は玉砕した。

一方、ディエン・ビェン・フー（漢字名奠辺府）はベトナム北部に位置し、フランスが象徴的に守備した。

この地は要衝の盆地で周囲を山に囲まれ、ハノイから西へ二百キロ、むしろ中国広西チワン自治区がすぐ北に位置し、ホーチミンを支援する中国は武器補給を続けた。フランスは、ここへベトコンを誘い込み、一気に攻勢に出る構えだった。塹壕や要塞を構築して待ち受けていた。

西はラオス。つまりフランスはラオスのルアンパバーン（旧都）からの補給路が確保されており、ベトナム東部海岸から敗退して劣勢挽回のため、この地に橋頭堡を築いたうえディエン・ビェン・フーには日本軍が敷設した飛行場もあった。一九五四年初頭までは空輸のロジスティックスが整っていた。

一九五四年三月、周囲の山々に密かに陣地をつくってフランス軍を囲んでいたベトコンの攻撃が開始された。フランスが判断した地勢の優位は緒戦段階までで、フランス軍に加わっていたベトナム傭兵がどっと逃げ始めた。補給は滑走路を破壊されてしまい、落下傘部隊に依存するが対空砲の攻撃があったため高度から落下すると目標地点から外れる。補給物資もベトコンの基地に落下したり、すでに補給戦線は困難となった。ベトコンはフランス軍要塞を囲むように、山の中に秘密の陣地を作り、お得意のトンネル連絡網も築き、一斉攻撃に出た。作戦を指揮したのはボー・グエン・ザップ将軍、日本兵に作戦を教わったという伝説がある。双方で一万数千名の死者、フランス兵一万人強が捕虜となった。フランスはこの敗北で植民地経営に失敗、ベトナムから撤退し、あとを米国の介入に任せた。

けっきょく、「フランス国民にとって大きな象徴的価値を有していたため、増援部隊の投入は中断されることなく、破滅的な形で不相応な努力が傾注された（中略）。戦略の動的な逆説において、防衛は攻撃と同じく過剰な成功を収めることがある。しかし、前哨基地の防衛であれ、対艦攻撃の技術的進歩で脆弱化した艦隊の防衛であれ、感情や組織利益の主従が逆転したそれ以外の軍事的手段の維持であっても、過剰な成功はより大きな失敗を招きかねないのである」（エドワード・ルトワック『戦略論』、毎日新聞社）。

ボー・グエン・ザップ将軍はその後、長生きして二〇一三年に百二歳で死んだ。ベトナムでは国葬が営まれ、国民的英雄として祀られた。

ベトナム戦争勝利の英雄
ボー・グエン・ザップ将軍の銅像

「指導者」とは

第八篇　九変篇

指揮官いかにあるべきかを孫子はこの箇所で縦横に論じる。

ここで問題とされるのは「指導者」の資質である。孫子は「大将のリーダーシップがゆがんでいてはその軍隊は死んだも同然となる」と力説している。

この九篇構成は次の通りである。

一　指導者の心構えを述べ、つねに変幻自在、定法に拘るなと戒めている

たとえば北朝鮮の指導者同様に、中国国家主席の習近平は指導力がゆがんでいる。カリスマ性に欠けるため軍隊を鼓舞し「いつでも戦争ができる準備をせよ」と発破《はっぱ》をかける一方で、曖昧模糊としたナショナリズム、「中国の夢」（愛国主義による中華民族の復興）を獅子吼する。

習の主張は悪魔的なほどに病理的な中華思想の発想から生まれてきたものだが、作り話の一つが「中華民族」という壮大なフィクションである。幻想をもとに華夷秩序が組み立てられ、周辺諸国を併呑するか、朝貢させるかして、文明の中心であると錯覚してきたのが過去数千年の中国の歴史である。

（前略）そもそも、中国自身がこれまでの国際関係のゲームを否定して、あくまで超大国として台頭した自らの立場に沿って世界を変えようとしているのであり、日本の意見を聴くまでもなく、まずは中国のペースに日本も合わせよ、と言わんとしている。

（平野聡『「反日」中国の文明史』、ちくま新書）

だから日本が北京に腰を折って話し合いなどいくらやっても無意味である。

共産党の基本原理は農民を豊かにすることだった。計画経済が人間を平等に豊かにするはずだったのに毛沢東の大躍進の失敗以来、中国経済は惨状を呈した。鄧小平は「改革開放」を掲げて国有企業の是正、先富論を唱え、文革の悲惨さを経験したあとの中国経済を強引に右に舵取りをした。

「市場経済は基本的に『神の見えざる手』に頼りつつ、経済政策で調整する。しかし計画経済の場合、経済の全貌は彼ら党官僚が決定し、許認可権も握る以上、彼らは巨大な利権集団として暴走し始める。こうして『赤い貴族（ノーメンクラトゥーラ）』と呼ばれる特権階級が生まれ、「労働者階級の前衛」とうそぶきつつ一般人民から遊離した」（同前）。計画経済で農民は窒息した。社会は真っ暗闇に陥没した。

自由化の波は芽のうちに摘まれた。天安門事件は無かったこととされ、日本が悪いという すり替え議論が導入され、いたずらに日本への敵愾心を煽ったのである。

平野前掲書が続ける。「西側の『和平演変』に対抗しようとする「労働者の党」が、いつの間にかイデオロギー操作を通じ、労働者と農民を置き去りにしたエリートの党へと『和平演変』していったとは、何とも奇妙で皮肉な話ではないか」。そして現代中国では「人々が唯一信じられるものは、ただ単にモノとカネのみとなった。これは文明の死である。改革開放の中国社会が凄まじい拝金主義の社会になる土壌はこうして形成された」。

二　戦闘の原則は高陵の敵は攻めず、岡を背にして攻めてくる敵とは戦闘を避け、険しい地形に陣取る敵とは長期戦を回避し、逃亡を偽装する敵を追うなどとして、

(一)圯地《ひち》（足場の悪い土地）には宿営してはならない。

(二)衢地《くち》（他の国々と四方で接続している土地）では天下の諸侯と親交を結ぶ。

(三)絶地（敵国の奥深く侵入した土地）では長期戦を避ける。

(四)囲地（背後が三方とも険しく、前方が細い出口になっている土地）では、脱出の計謀をめぐらせる。

(五)死地（背後が三方とも険しく、前方の細い出口に敵が待っている土地）では、必死に力戦する。

(六)道路には、そこを経由してはならない道路がある。

(七)敵軍には、それを攻撃してはならない敵地がある。

(八)城にはそれを攻略してはならない城がある。

(九)土地にはそこを争奪してはならない地がある。

要するに自らの戦力を利と害の両面で考え、目の前の利害に飛びつく人間性を利用せよ
三　指揮官には五つの危険あり、将は多くの矛盾を抱えていなければならない。その五つの危機とは「思慮のない決死の勇気」「生き残りだけを望めば捕虜になり」「短気だと侮られ」「清廉潔白の志は侮られて騙されやすく」、「人情が深いと兵卒の苦労が多く」、これら五つは軍隊の統率に配慮すべき点であると孫子は力説している

近藤大介氏の『習近平は必ず金正恩を殺す』（講談社）によれば「中朝蜜月時代は、いまや完全に終結した」という、日本に伝わっていない情報分析がなされている。

北朝鮮は「経済的には完全に中国の植民地」であるにもかかわらず、大事な保護者に牙を向けて、習近平を怒らせてしまった金正恩。そして兄貴の金正男を匿《かくま》う中国は次に何かを仕掛けるという。

要するに「長年の血盟関係が嘘のように『中朝冷戦』の時代をむかえた」。

北朝鮮が傲慢にも中国に牙を向け、「アメリカに追随する不純分子」と攻撃したため、中国のネットには日本批判より金正恩攻撃のオンパレードとなった。金正恩は「金三胖《ジンサンパン》」（金ファミリーの三代目のブタ、という意味）と渾名され悪口三昧が続く、開戦前夜の状態だという。

北朝鮮が奇妙に手を揉みながら日本にすり寄ってきた。日本は独自の対北への制裁を一部解

除し、拉致の被害濃厚な日本人の調査を要請し、北は初めてその条件を呑んだ。異例である。

日本海に次々とミサイル試射を行って日本を威嚇し、核兵器の実験を続ける国が、なぜ日本に助けを求めるのか？（もっとも北の核兵器は日本向けでもあるが、中国にも向けられる。だから中国は不快感をあらわし、米国と歩調を合わせて北朝鮮制裁に加わった）。

インテリジェンス方面の情報と解析が急がれるところだが、日本は久々に空から降ってきたような「北」というカードを十分に使いこなせないだろう。理由は簡単で日本には深い情報が入ってこないからである。中国も米国もちゃんとした情報を日本にくれないからである。韓国とて重要な情報を持ちあわせておらず、また最大の関心は中国の動き、日本は徹底的に罵倒するだけで自らが情報の鎖国状況にむかって朴槿恵は暴走している。

北朝鮮のミサイル実験は射程五〇〇キロ、つまり、これは日本を標的にしたものではなく（五〇〇キロでは日本に届かない）、明らかに中国と韓国を狙ったものだ。

そして中国の動きがおかしくなった。

アセアン会議が連続してマニラ、ネピドーで開催され、シンガポールで「シャングリラ対話」があり、そして中国自身が、上海で「信頼醸成会議」を開催した。毎回、アジア各国から中国への期待の声はなく、いやむしろ敵対した日本の安倍首相が演壇にあがって「海洋ルールを守ろう」と呼びかけると参加国代表の拍手が鳴りやまなかった。中国はひしひしと国際社会での孤立無援ぶりを悟った。その四面楚歌状態を肌で認識したらしい。

とくにケリー国務長官はバイデン副大統領と並んで米国の親中派政治家の代表格と見られた。そのケリーが、ヘーゲル国防長官（当時）とともに中国を名指しで批判し続けた。「現状を破壊するいかなる挑戦にも米国は反対する」と鮮明に述べた。

これを習政権は逆にチャンスとみた。軍を固めようにも、人民解放軍は綱紀粛正、宴会禁止令で習近平への怨みの声が高く、そのうえ軍トップだった江沢民派の徐才厚《じょさいこう》と郭伯雄《かくはくゆう》が失脚したため、上海派から疎まれ、反腐敗キャンペーンはかえって汚職が大好きな党官僚から不満噴出という情勢、ここで追い込められた習近平が起死回生のヒットを飛ばすとすれば、北朝鮮への介入、金正恩王朝にとどめを刺す戦争を仕掛けることだろう。実際に中国は原油、食料そして化学肥料の対北朝鮮援助を中断している。中国国有銀行は金正恩の隠し口座を凍結し、日干しにした。

すでにソウルを電撃訪問した習近平は韓国の了解を密かに取り付けた。米国は南シナ海と尖閣では中国批判の急先鋒だが、こと北朝鮮制裁では、歩調を合わせている。

習近平はこう言った。「われわれは朝鮮半島の安全を望んでいるが、いまの政権の安定ではない」。

であるとすれば、何が始まるのか。孫子は次のような警告も書いている。

すなわち清廉潔白で名誉を重んじる者は、侮辱されて罠に陥る。兵士をいたわる人情の深い者は兵士の世話に苦労が絶えないが、軍はまとまる。
習近平と金正恩はカリスマ性に欠けること、傲慢な態度、そしてデブであることに共通性があり、庶民への労《いたわ》り、部下への配慮に欠けるという共通性がある。

さて孫子に酷似する西欧の戦略読本のなかで世界的に知られるのはマキャベリである。彼は『君主論』のなかに、実に孫子に酷似した将の資質について述べている箇所がある。

君主が軍隊とともにあって多くの兵士を統率する場合には、残酷であるという評判をまったく気にする必要はない。なぜならばこうした評判なしに軍隊の統一を保ち、なんらかの軍事行動の準備をすることは不可能であるからである。（中略）ハンニバルは無数の人種からなる巨大な軍隊を率い、遠隔地で軍事行動することになったが、軍隊が順境にある時も逆境にある時も一度として兵士相互間および支配者に対して内紛が生じたことはなかった。このような結果はひとえに彼の非人間的な残酷さの賜物《たまもの》であり、この残酷さと他の無数の卓越性を具《そな》えた彼はどの兵士達の目にも常に尊敬に値する、恐るべき人間と映った。
（マキャベリ『君主論』、講談社学術文庫、佐々木毅訳）

だが反対に慈悲深き将軍スキピオは失敗したとマキャベリは続けた。

スキピオは彼の時代においても、歴史上においても稀有な人物であったが、彼に対してイスパニアにおいて軍隊が反旗をひるがえした。その原因は彼があまりに慈悲深いことにあり、兵士をあまりに自由にしておいたため、軍律を守ることさえできなくなったのであった。（同前）

なるほど残酷さと酷薄さで指導者が恐れられなければ、ユーラシア大陸で軍隊を指揮できなかったのだ。

筆者は韓非子の名言をすぐさま思い出すのだった。

「其れ、政《まつりごと》の民に優しきは、これすべて乱のはじまりなり」

伏兵に注意せよ！　一寸先は闇だ

第九篇　行軍篇（軍を進める道の敵情を見抜くためになすべきことなど）

一　行軍の秘訣とは敵の各種の兆候から敵軍の意図や事情を見抜く
二　駐留には高地が望ましく日当たりのよい高見で水資源に近いところが良い
三　四、天険《てんけん》の地にはとどまらない
五　伏兵に気をつけよ
六　近くの敵が静かなとき、平地に敵が陣を構えるときなどは誘いだそうという戦法である
七　敵の使いがいやにへりくだった態度をとるときは攻撃を準備している証拠、反対に使者が居丈高の時は退却の前兆である。困窮していないのに講和を持ちかけるのは謀略である

へりくだりと居丈高の使い分けに関して、たとえば二〇一四年九月からの香港学生のセントラル座り込み騒動に例をみよう。

香港の「雨傘革命」で物怖じを知らない若い世代の台頭に驚いたのは中国共産党だった。香港人は殆どが政治的無関心、海外移住にしか興味がないと考えられてきたが、正面から共産党に楯突く新人類が現れたのだから。

しかし、もっと慌てたのは香港へ移住して多岐にビジネスを展開する「太子党」の面々だった。最大の理由は香港市場の一部が機能停止となり、通信に障害が起きたため太子党が経営するファンド運営に支障がでたからだ。香港株式は下落し、上海と香港のアービトレージ取引も止まった。後者は両市場に上場する中国系企業の株価に人民元建てと香港ドル建ての間に差違

が生じるため、その鞘抜きをするマネーゲーム、一日一五〇〇億円が取引される。ようやく取引時間を延長して対応したのは座り込み開始から一カ月もあとになった。

この間に中国共産党は時間稼ぎの戦術を行使し、歩み寄りのポーズを取ったかと思えば親中派のマフィアを使ってピケに殴り込みをやらせるなど、学生側の疲労をまった。世界のマスコミが集中している間は、やや微笑を交えての宣伝戦。世界のマスコミが去り、学生の抗議活動に人数が減ってきた頃合を見計らった指導者の拘束など、緩急を使い分けたのである。徹頭徹尾、孫子の謀略戦術を使い分けて対応したのは中国共産党の側である。

八　敵が杖にすがれば飢え、水くみが真っ先に水を呑むのは渇水、好機なのに攻撃して来ないのは疲弊しているからである

九　兵力が多ければ戦争に勝てるという算段は誤りであり、猛進を慎み、敵を徒《いたずら》に侮るのは危険である

天正四（一五七六）年、毛利氏は姫路の小寺氏が信長の麾下に入ったことに激怒し、海路から遠征軍を送り込んだ。小寺家を司《つかさど》る家老の黒田官兵衛など青二才であり、簡単にひねりつぶせると踏んでいたのだ。

英賀《あが》（姫路市の南）に五千あまりの毛利軍が上陸し、姫路城を目指そうとしていた。官兵衛はこの情報をいち早く入手し、上陸したばかりで疲れ切った毛利軍の隙を突いた。いかに意表をついた即断即決が大切か、つまり情報学の要諦は迅速に入手した情報を如何に駆使できるか、その即断力なのである。

スピーディーな決断は日頃の鍛錬からしか得られない。奇襲に慌てふためいた毛利軍はちりぢりになって英賀から退散し、黒田官兵衛が奇跡の勝利を遂げた。その軍略家としての存在が周辺に知られるようになった。

地勢、地形を巧みに利用して常勝する

第十篇　地形篇

一　地形に適した戦術を採り、状況がもたらす制限を把握せよ。四方に広く通じ開けている道もあれば、途中に行軍が渋滞する難所を控えている。脇道が分岐している所や、道幅が急にせばまっている箇所、高く険しい道、両軍の陣地が遠くかけ離れている場所などを有利か不利か考察している

二　逃亡兵がでるのは指導者の落ち度である

三　地形をわきまえて作戦を決めない将軍は失格である
四　士卒を愛しいという態度で接すれば最後まで将についてくる
五　理想としては地形と敵情をつねに把握し味方の士気と敵の攻撃量を見積もり状況の把握に抜かりがなければ勝負に勝つ

世に真田三代の卓抜なる軍略をしらしめたのは、徳川の大軍を相手に真田がまことに少数で挑み、しかも二回にわたって徳川勢を敗退させるという赫々《かくかく》たる軍歴である。

これらの戦闘は上田城を中心に北の砥石城、神川《かんがわ》を挟んだ上田台地で戦闘が展開されたために「第一次上田合戦」、「第二次上田合戦」という。

判官贔屓《はんがんびいき》の日本人は徳川が嫌いという浪花節的美談が好きで、このため真田太平記とか、猿飛佐助、霧隠才蔵などフィクションの真田十勇士も登場する立川文庫も巷間もてはやされたが後者はすべて作り話である。

第一次上田合戦は天正十三（一五八五）年、信長が本能寺に斃《たお》れ、徳川は甲斐と信濃を統御し始めたときに、複雑な行きがかりがあって真田は独自の戦いをすることになった。

武田の影響下にあった沼田城を奪回後、真田は小県郡に上田城を築城していた真田昌幸（幸村の父）が総指揮を執った。

盟約を結んでいた北条が沼田城を滝川一益《かずます》から奪取し、これを佐久郡と交換する交渉を真田は蹴飛ばし、堂々と徳川家康に反旗を翻した。徳川来襲にそなえ、砥石城には長男の真田信幸が籠もった。昌幸は上田城をまもり、砥石城には石を積み上げ、兵糧を蓄え、さらに神川上流に堰を造った。

神川を渡河する徳川に対し堰を切って濁流を流すなど、けっきょく徳川方が千三百の犠牲。おりしも家康の右腕だった石川数正が秀吉の下に出奔《しゅっぽん》するという大事件が発生したため家康は大久保忠世を小諸《こもろ》城に残して真田の動きを睨ませる一方で浜松へ帰国した。その後、小競り合いもあったが、うやむやの裡《うち》に終戦となった。大軍を見事に撃退した真田の名声は天下に鳴り響いた。

さるにても砥石城である。

この山城の攻防は武田信玄が攻めても落とせず、大きな犠牲を払った場所で、三つの連山が重なり、急坂の頂上に開けた本丸跡がある。

じつは筆者は若き日に登攀《とうはん》したこともあるが、膝ががくがくするほどの急坂で、これを正面から攻める武将がいたらよほどのバカである。山稜を攻撃するなかれと孫子は大書したが、若き日の武田信玄、この砥石城を攻撃しみごと惨敗した。そのため、次に攻めた時は城内に内応者を育て、恭順が得策として無血開城させた経緯もある。

真田が砥石城を重視したのは戦略的拠点であるばかりか、神川に堰、土嚢、竹籠などを仕掛けるに地理的にも有利だからである。

ちなみに、この砥石城は現在ハイキングコースにもなっているが、それからさらに三里ほど北へ入ると真田の地名が残り、真田屋敷跡が記念館となっている。昌幸らが眠る真田本家の菩提寺は、さらに山稜を分け入った長谷寺《ちょうこくじ》にある。これらをハイカーのように回るのは一日仕事。筆者はバス停留所でもある「ゆきむら夢工房」でレンタサイクルを借りて回ることにした。しかも、この自転車は電動である。平成二十八年予定の大河ドラマを当て込んだ地元も観光インフラの整備に余念がないとみた。

第二次上田合戦は慶長五（一六〇〇）年。つまり関ヶ原へ向かって中仙道を平定しつつ西へ西へと行軍を続けた徳川秀忠軍をおちょくり、引き延ばしによる時間稼ぎ、真田方は大軍をしばしこの地に留め置くために開門して敵を引きつけて鉄砲を撃ち、引いてはまた攻めるという籠城の攻防戦を展開した。

直前、徳川軍は上杉征伐のため、小山まで進軍していた。この隙に乗じて石田三成が兵を挙げたため、急遽、上方に引き返すことになる。徳川には石田を嫌った、豊臣恩顧の諸大名が馳せ参じた。石田三成を憎む加藤清正、福島正則、黒田長政らだ。小山評定において、上杉攻略を中断し、石田軍を先に討つことと決定、ひとまず江戸に引き返した家康は、軍を二手にわけて主力は東海道を、秀忠には三万八千をつけて、中仙道を歩ませる。その早い段階で犬伏に揃った真田親子三人は密かに会合を開き、長男信幸は徳川方につくが、昌幸と幸村親子は西軍に味方することを決める。

その岐路、昌幸は西へ直行せず、北上して沼田城に立ち寄った。沼田は信幸が治める城であり、昌幸の孫たちがすまう。沼田は現代人の感覚から見れば奥地の鄙《ひな》びた農村だが、当時の地政学では交通の要衝である。歴代武将が攻めあぐねた天然の要害に沼田城が建築された。実際に沼田城跡へ行ってみた筆者は、この城は背後が山であり、さぞ攻めにくい地形を撰んだものと感心した。地の利を活かして真田は沼田城下を軍事都市に作り替えていた。その苦労を知るゆえに真田は沼田城を手放せなかったのだ。

昌幸は上田へ帰り、兵を集め、籠城戦の構えについた。

やがて上田城を囲んだ徳川方は、家康についた真田信幸の忠誠心を試すためにまずは説得に赴かせる。場所は信濃国分寺、上田城に東へ三里（約一二キロ）ほど。

さんざん時間稼ぎをしたあと真田昌幸は突如剃髪して国分寺に現れ、「上田は石田三成味方」と宣言したため、秀忠は緒戦の血祭りに真っ先に砥石城攻撃を信幸に命じたのだ。

これを知った昌幸は籠城していた幸村をさっと砥石城から撤退させ兄に手柄を立てさせる。

砥石城攻略の難しさを知っている信幸にしても電光石火の撤退は何かの作戦だろうと見立てたが、いったい幸村が何をしていたかは分からなかった。闇に紛れ、あるいは裏山の地理を活用して神川上流の随所に堰をしつらえ大石や竹籠に石を積めてダムのようにしていたのだ。

さて真田方は雑兵を前線におくって敵を揶揄《やゆ》しつつ城に逃げ帰る。この作戦で敵を近くへおびき寄せ、鉄砲を撃ったかと思いきやまたも開門、騎馬武者らが打って出るという五月雨《さみだれ》攻撃。本格的な上田城攻防戦となるや、城を開門して奇襲攻撃をかけ、敵が押し寄せるや鉄砲を撃ちまくる。堤防を切る。行くたびの奇襲でさんざんに手こずっている間に家康率いる徳川本隊が関ヶ原に近いことを知って、上田城をうっちゃって秀忠は上方へ急行した。しかし遅参は決定的となり、家康から大目玉を食らったという話は講談でも有名である。

地形の判断を怠るな

第十一篇　九地篇

一　この箇所は九種の地勢とその戦術を述べ、地形にあらかじめ通暁していれば兵を助けるとしつつ、(a)散地（軍の逃げ去る土地）、(b)軽地（軍の浮き立つ土地）、(c)争地（敵と奪い合う土地）、(d)交地（往来の便利な土地）、(e)衢《く》地（四通八達の中心地）、(f)重地（重要な土地）、(g)氾《はん》地（軍を進めにくい土地）、(h)囲地（囲まれた土地）、(i)死地（死すべき土地）を解説している

二　敵国の内部攪乱

三　迅速と奇襲

四　敵に深く進入した時は食料を奪い、兵を必死に戦わせる

中国は現在、敵地に深く侵入しても、本格的戦闘を見送り、敵の疲れをまつ戦術を採っている。インドとの国境の場合である。

インドと中国は、ヒマラヤ山脈の麓に拓けるラダク地区で領土紛争を続行しており、お互いが千名規模の監視軍を駐屯させ、極度の緊張のなか、両軍は睨み合っている。

中国側はブルドーザなどを運び込み、道路建設に余念がなく、インドも五十四カ所に監視所を設け、二八五〇万ドルを投じて、インフラ整備を行っている。

カシミヤの名産地として知られるインド最北東部アルナチャル・ブラデッシュ州のラダック地区。遊牧の民、三五家族が羊を飼い、カシミヤ原料を作ってほそぼそと暮らしている。信仰するのは山岳特有のシャーマニズムが混ざったチベット仏教で、彼らはチベット語を喋る。立派な仏教寺院もある。六〇〇〇メートル級のヒマラヤ山脈の麓、牧草北限とされ、標高二四〇〇メートルの高地は荒々しい岩肌が続く。

二〇一四年九月にインドを訪問した習近平だが、まさにこの機会を狙ったかのように中国人民解放軍がラダク地区に侵入したため、モディ首相から猛烈な抗議を受けた。

ウォールストリート・ジャーナル（一四年十一月一日）は過去十年来なかった大規模な軍事

衝突が起きたと伝えた。武装ヘリを飛ばしあって軍事的緊張が高まっているという。

表面的には中国とインドは友好、貿易拡大、そして中国は巨額の投資を行うとされるが、他方では南シナ海に次々と海洋リグを建てて周辺国を脅かしているように、ヒマラヤ国境では高地からインドの要衝を脅かすのである。

五　呉越同舟《ごえつどうしゅう》の場合の心得と方法
六　将軍の真の意図は隠し秘密を保持する
七　始めは処女のごとく終わりは脱兎《だっと》のごとくと九種の地勢における対応を述べている

軽々しく戦争を起こすな

第十二篇　火攻篇

この火篇は浅野裕一『孫子』（講談社学術文庫）などでは最後の章に編集されているが、本書では曹操篇にしたがって第十二篇に置く。

一　五種類の火攻め攻撃法
二　火攻めの具体的方法と対処

三　火攻めは水攻めにまさる効率性がある。水攻めは城を奪取できない

先に述べたように豊臣秀吉は水攻めが得意だった。

しかし備中高松城水攻めの成功は黒田官兵衛の徹底した現地の地勢調査、入念な準備と下調べがあり、加えてたまたま豪雨の季節に重なるという僥倖が生んだものである。以後の太田城水攻めは半分失敗、忍城水攻めに至っては完全に失敗（もっとも、この作戦は秀吉の命で石田三成が指揮した）。

四　恩賞　信賞必罰を明確にしなければ士気は上がらない。この項目は軍隊に限らず、あらゆる社会的通念であり、えこひいきの激しい中国や縁故主義の中東産油国などでは、信賞必罰がうまく行かないために内訌が絶えないのである

五　怒りにまかせて軍を動かすのは愚かである。死んだ者は帰ってこない

したがって戦争は気軽に行うモノではなく、勝利の展望が開けない限り、外交戦に持ち込み、時間を稼ぐのが良策だと孫子は言う。

オバマの「ピボット」（アジア重視）路線への転換以来、南シナ海周辺の情勢が地殻変動的な激変に襲われている事実は、今や明白だ。

中国はここで持久戦を展開し、アジア各国の怒りを時間をかけて沈め、むしろ、その背後にいるアメリカの疲れをまつという作戦に切り替えている。

アメリカの戦略研究家ロバート・D・カプランは『南シナ海　中国海洋覇権の野望』（講談社）のなかで、こう言う。

この海域の周辺国は、その程度の差はあれ、基本的に「反中国」の姿勢でまとまることになり、外交・軍事面でアメリカの支援に頼る姿勢をみせたのである。

中国は弱肉強食の言葉通りに、強者には逆らうなという態度を崩さず、これに対して周辺国は、ならば米国の強い軍事力の後ろ盾を活用することによって中国の覇権に対抗することになる。ところがアメリカのシンクタンクの多くは、アジア諸国、とりわけ南シナ海に領土領海問題をかかえる諸国は「中国のフィンランド化」が進む恐れを抱いている。「これらの国々が普通の独立常態を保ちながらも結局のところは対外政策を北京政府が設定したルールによって縛られることになる」というのが、たとえばアンドリュー・クレピネヴィッチ（CSBA代表）の分析だ。

ベトナムはながく中国に朝貢していたし、ダナンから西へ二時間のミーソン遺跡をみるとインドの文化的影響が強く、北と南は明らかに違う国であり、しかもベトナムは共産党独裁でありながら経済重視路線という文脈で、その政治路線は中国と類似する。

フィリピンには文化がない。あるのはすべて借り物であり、結局はアメリカの軍事力に保護されなければ生き延びる術はなく、台湾は「アジアのベルリン」と化している。しかもアセアンはまだ「関税同盟」ですらなく、アセアンがNATOのような軍事同盟にいたる距離は遠く、というより不可能であり、過大評価は禁物である。

それゆえに「もしアメリカが大規模に国防費を削減すれば、ベトナム、マレーシア、フィリピン、シンガポールなどの国々の『フィンランド化』につながる可能性が高い。ところが中国国内が混乱してアメリカの国防費の削減がそれほど厳しくなく、米軍の太平洋方面の部隊の配備に根本的な影響がない場合は、それとは正反対の結果がもたらされる可能性もある」（同前）とカプランは近未来を予測している。

スパイの多様化こそ戦争の要諦

第十三編　用間篇

間諜こそは戦争のかなめ、全軍が頼りにする。高度のノウハウが必要であり、だからスパイこそは最重要であることを五つのスパイの種類分けで説明する孫子の肯綮《こうけい》部分である。孫子の重視する「間」はスパイのこと、用間とはインテリジェンス戦略を意味する旧ソ連時代のスパイKGB（国家保安委員会）に自ら米軍の極秘情報を売り込み、「米国益に最大の損害を与えた米史上最悪のスパイ」と言われたのは当時米海軍上級准尉だったジョン・ウォーカーである。

ウォーカーは巨額の報酬を得る替わりに暗号機KL‐47の規約を複写してソ連に渡し、この結果、米海軍の暗号電報およそ百万通が解読された。そのなかには、もし米ソ開戦となったときの、対ソ攻撃基本計画まで盗撮されていた。米軍基地や空母から新型暗号機の技術マニュアルや規約、第七艦隊の旗艦が被弾した場合、被害を極小に留め、艦を最大限安定させるダメージ・コントロールの技術水準、強襲揚陸艦、戦闘機、巡航ミサイル、軍事衛星、新型機雷に関する資料などである。

ここに北朝鮮が絡む。一九六八年、米国情報収集艦が北朝鮮軍に拿捕《だほ》され、KL‐47暗号機が没収されて、ソ連に送られた。

ところがペンタゴンは、この事件を過小評価し、機器と規約を一部変更しただけで使い続けた。それゆえ米海軍電報百万通をソ連は解読できたためベトナム戦争（一九六〇～七五年）で米軍はさんざん苦戦を強いられた。

坂本大典氏の『日本人の百年戦争』（展転社）はペリー来航以来、日本が戦ってきた外圧、とくに薩英《さつえい》戦争、馬関《ばかん》戦争を経て、初の対外戦争である日清・日露、そして第一次世界大戦から満州事変、日支事変から大東亜戦争へといたる、まさに「百年」の戦争を活写する。

おりしも朝日新聞の誤報訂正という〝大事件〟がおきたとき、筆者は左記の記述を思い出したのだった。

一九四一年九月六日の御前会議で、ＡＢＣＤ包囲の影響をもろに受けた日本は、同盟国ドイツが独ソ戦争を開始したにもかかわらず、ソ満国境への兵の配備を行わずに、石油や資源を求めて南方へ進出する「帝国国策遂行要領」を決定した。この決定をゾルゲは、日本の協力者で同じくコミンテルンのスパイであり近衛文麿首相の側近でもあった、尾崎秀実、西園寺公一から報告を受けた。ゾルゲはその情報を一〇月四日にモスクワへ送った。

ソ連はこの貴重な情報で、日本がソ満国境から攻撃してくることはないと判断して、兵力をモスクワへ向かわせ、（中略）

尾崎は、ソ連コミンテルンの戦略である日中戦争（日支事変）を泥沼化させるために、『朝日新聞』や『中央公論』などを使って自らの主張を述べた。中国との和平交渉に反対し、中国との徹底抗戦を強く唱え、日本の疲弊と消耗を企み、ソ連コミンテルンや中国共産党、共産主義の台頭やアメリカなどが利する活動に協力していたのである。

やがて捜査の結果、「逮捕された尾崎や西園寺がコミンテルンのスパイであることを知った近衛首相は驚愕した。正に脇の甘い内閣であった」

今、同様な陰謀が日本で進んでいるのではないか？

結局、孫子のスパイ学とは今日のインテリジェンス戦争のことである。

「情報」とはインフォメーションだけではなく、「インテリジェンス」と表記したほうが良い。この二つを分けるのではなく、インフォメーションはインテリジェンスに総合的に包摂される。

インテリジェンスには偽情報、攪乱、陽動作戦などを含む広範な諜報が含まれ、ちなみに中国語の「情報」という語彙は「諜報」のことである。日本語のいう「情報」を中国語では「消息」と言う。英語世界でもＰＲ（Public Relations）は広告ではなく社会との関わり方、イメージ普及であり、つまり広報全体（これを正しい日本語では「弘報」という）を意味する。つまりインフォメーションには諜報、密告などの意味を含む。それゆえ「情報戦略」は英語のインテリジェンスが適訳である。

同盟国アメリカといえども通商摩擦では日本の当事者の電話を盗聴していた。

今もＴＰＰ交渉などで盛んに日本当局の担当官僚、政治家の電話の傍聴、メールのモニターをしている。中国は外国特派員や大使館の電話、パソコンをモニターし、携帯電話まで盗聴しているうえ全世界にハッカー戦争を仕掛けている。

敵対的な国々は日本の官僚、政治家、新聞記者を自家薬籠中のように代理人に仕立て上げて操り、世論工作に長《たけ》るばかりか当該国家に有利な情報操作をしている。これも高度なインテリジェンス戦争の一形態である。

また中国が仕掛けている「南京大虐殺」「強制連行」「従軍慰安婦」「三光作戦」などの嘘放送は日本を貶《おとし》めて外交的優位にたとうとする政治プロパガンダの戦術行使である。韓国はこの風潮に悪乗りしているに過ぎない。

これらの偽放送を言うがままに放置してきた日本政府・外務省の罪はあまりにも重い。在独作家の川口マーン惠美女史によれば「ドイツでは尖閣は中国領だと思っているし、南京大虐殺はあったと大半が誤解したまま」とのこと。まさに日本政府の宣伝戦争への出遅れ、マスメディア工作の拙劣さに起因する。せめて戦国武将ほどの叡智とインテリジェンス戦略があれば、こうまで我が国が貶められ軽蔑されることはなかった。

国際ビジネスの先端を走る企業人は政府ほど情報の手抜かりがないと思いきや、かつて日本の商社マンがカナダの詐欺師に引っかかって安宅産業はあえなく潰れ、イランの政治情勢が読めなくて三井物産はバンダルのガスプロジェクトを棒に振らされ、日揮はアルジェリアでテロの犠牲をうみ、甚大な被害を受けた。

孫子は用間篇で次の五つに分類して見せた。

- 因間（ローカル）
- 内間（敵中枢に潜り込む）
- 反間（ダブル・エージェント）
- 死間（偽情報を信じ込ませる）
- 生間（草のようなスパイ）

この詳細は第四章に改めて述べるが、日本を除いて世界のミステリー小説、スリラー小説、スパイ小説の多くが、このインテリジェンス、とりわけエスピオナージを描くときに孫子を参考にしているのではないかと思われる筋運びやプロットが目立つ。

敵を欺き騙すノウハウの基本が、この間諜の多様化である。

世紀の用間戦略で勝ったのはスターリン

本章の終わりに、所謂《いわゆる》「太平洋戦争史観」がひっくり返る決定版『ルーズベルトの開戦責任』（ハミルトン・フィッシュ、渡辺惣樹訳　草思社）によりながら世紀の謀略の世界を眺めてみよう。

真珠湾攻撃がルーズベルトの仕掛けた陰謀による行為だったことは、今や歴史学における常識となりつつあるが、米国ではまだそうした真実を述べると「修正主義」のレッテル貼りが行われる。アメリカの歴史観が公明正大というのは嘘っぱちで、偏向とアメリカ中心主義。不都合な真実は教えられていない。

日本の卑怯な奇襲という位置づけ、直前のハルノートをＦＤＲ（フランクリン・ルーズベルト大統領）は巧妙に隠したが、事実上の対日最後通牒だった史実は徹底的に無視され、米国史学界ではまだルーズベルト陰謀論は主流にはなっていない。

暗号が早くから解読されアメリカは日本の真珠湾奇襲を知っていたのである。

この本の著者は当時ＦＤＲの最大のライバルで、「大統領が最も恐れた」議会共和党の有力者ハミルトン・フィッシュである。しかもハミルトン・フィッシュはオランダ系移民の名家、ＦＤＲの住居のあるニューヨークが、彼の選挙地盤でもあり、実は二人はそれまでの二〇年間、仲が良かった。共和党の重鎮でもあったハミルトンがＦＤＲと袂を分かったのは、移民によって建国された米国は不干渉主義の国であり、しかも欧州で展開されていた、あの血なまぐさい宗教戦争に嫌気がさして新天地をもとめてきたピューリタンの末裔が建国した国であり、その理想からＦＤＲの開戦準備は大きくはずれているとして、正面から反対したのだ。

しかし本当のことを知るのはＦＤＲの死後である。だからこそハミルトン・フィッシュは、この『ルーズベルトの開戦責任』をＦＤＲならびに関係者の死後まで辛抱強く待ち、さらに祖国の若者がまだ戦っているベトナム戦争の終結まで待って、ようやく一九七六年に刊行したのだった。

そして日本語訳はさらに、原著刊行から三十八年、実にＦＤＲの死から七十年後、第一次世界大戦から一〇〇年後になって、ようやく日の目を見ることになる。

趣旨はルーズベルト大統領が議会を欺き、真珠湾奇襲の翌日に開戦を議会に求めて、これには当時の共和党指導者としてのハミルトンも賛成演説をせざるを得なかった経緯が詳述されている。米国の不干渉主義は一夜で覆った。

しかし、けっきょくヤルタの密約で東欧、満州、そして中国を失った米国の悲嘆、ＦＤＲはいったい何のために参戦したのか、国益をいかに損なったかという怒りをハミルトンが告発したところが特色である。「なにがなんでも戦争をしたかった」のがＦＤＲだったのだ。

第一はＦＤＲが行ったニューディール政策が完全に「失敗」していたという事実を把握しなければならない。このため、社会主義者、共産主義左派がホワイトハウスに潜り込み、「訳の分からない組織が乱立した」

使い放題の資金をばらまく組織が社会主義者らによってオーガナイズされ、それでも経済不況は終わらなかった。

猛烈にＦＤＲは戦争を必要としていた。ウォール街の利害とも一致した。

ＦＤＲは「スターリンの友人であるとまで述べていた。スターリンは世界最悪の殺人者である。ＦＤＲ自身は確かに共産主義者ではない。彼はキリスト教を信じていた」

ところが、周辺にはコミンテルンのスパイがうようよとしており、ＦＤＲの展開した「政策は間違いなく社会主義的（collectivism）であり、我が国の集産主義化あるいは国家社会主義化への地ならしとなるものであった（中略）。この事実はＦＤＲがフェビアン社会主義者であることを示している」。

第二はＦＤＲ自らが、殆どの権力を集中させ、議会に知らせずに「日本に対する最後通牒を発した。そして戦争への介入に反対する非干渉主義者を徹底的に迫害した。（中略）ＦＤＲはこの世界の半分をスターリンに献上した。そこには中国も含まれる。それはヤルタでの密約の結果であった」

なぜなら「レーニンが立てていた計画の第一段階は東ヨーロッパの共産化であった。それがヤルタ会談で（スターリンはあっけないほど簡単に目標の獲得に）成功したのである。次の狙いが中国の共産化であった。それもスターリンの支援によって成功した」

第三は世界観の誤認であろう。

なぜヤルタ会談でＦＤＲは、あそこまでスターリンに譲歩したのか？

ＦＤＲはソビエトに極東方面への参戦を促したかった。満洲を含む中国をソビエトに差し上げる。それが条件になってしまった。（中略）戦いでの成果の分配と戦後の和平維持。それがヤルタ会談の目的のはずだった。しかし結果はスターリンの一人勝ちであった。イギリスはその帝国のほとんどを失った。アメリカは朝鮮戦争とベトナム戦争の種をヤルタでもらったようなものだった。戦後三十年にわたる冷戦の原因を作ったのはヤルタ会談であった。ヤルタへの代表団にはただの一人も共和党員が選ばれていない。中立系の人物も、経済や財政政策の専門家もいなければ、国際法に精通した人物もいなかった。

つまり病んでいた（肉体的にも精神的にも）ＦＤＲの周囲を囲んだスパイらの暗躍とスターリンの工作司令に基づきアメリカの政策を間違った方向へ舵取りし、世紀の謀略の成就に成功したというわけである。

翻訳者の渡辺惣樹氏がまとめの解説をしている。

ルーズベルトの死後、彼の対日外交の詳細と日本の外交暗号解読の実態が次第に明らかになり、ハル・ノートの存在が露見すると、フィッシュは臍《ほぞ》を噬《か》んだ。窮鼠（日本）に猫を噛ませた（真珠湾攻撃）のはルーズベルトだったことに気づいたのである。彼は、対日宣戦布告を容認する演説を行ったことを深く愧《は》じた。彼は、ルーズベルトに政治利用され、そして、議席を失ったのである。

いまだにフィッシュは「修正主義」のレッテルを貼られている始末だが、修正主義は左翼のプロパガンダ用語に他ならない。

スターリンに騙されたFDRはただの凡庸な政治屋に過ぎず、世紀の陰謀を巡らし、そのため多角的かつ多様にスパイを使いこなしたスターリンこそ孫子の兵法を見事に実践し、孫子から二千数百年を経て、「出藍《しゅつらん》の誉れ」の典型的な謀略政治家となったのである。

第二章

日本人は孫子をどう読んだか、その重要部分

孫子の正しい読み方

孫子の全体像をみるため前章までに全十三編を概括したが、この章では重要な部分を集中講義的に検証してみよう。そのほうが孫子の読み方として正しい。

孫子の冒頭は「計篇」である。

国家にとって戦争がいかに重要かをのべた枢要部分である。この「計」を国家百年の計と捉えるか、計測、推計と捉えるか、英語版は「計」をESTIMATES（推計）、もしくはAPPRECIATE（評価）とした翻訳が目立つが、むしろSTRATEGY（戦略立案）と解釈するほうが理にかなうのではないか。

古代ギリシアでは戦略という語彙はなく、「将軍の智恵」というのが語源である。

孫子の冒頭は次の名文である。

「孫子曰く、兵とは国の大事なり、死生の地、存亡の道、察せざるべからざるなり。故にこれを経《はか》るに五事を以てし、これを校《くら》ぶるに計を以てして、其の情を索《もと》む。一に曰く道、二に曰く天、三に曰く地、四に曰く将、五に曰く法」。

町田三郎氏の訳注では「戦争は国家の重大事である。国民の死活の決まるところ、国家存亡のわかれ道であるから、よくよく熟慮してかからねばならない。そこで、五つの事項についてはかり考え、七つの事項について見積もり比べあわせて、彼我の実情を求める。五つの事項とは、第一は道、第二は天、第三は地、第四は将、第五は法である」となっている。

原文にあたると、中国語はこう書かれている。

「孫子曰、兵者、国之大事、死生之地、存亡之道、不可不察也。故経之以五事、校之以計而索其情、一曰道、二曰天、三曰地、四曰将、五曰法」。

原典には「七つの事項」がないが、「主、将、天地、法令、兵衆、士卒、賞罰」を計量化することが「計」の意味である。

それなら英語版には如何に訳されたかをみると、オックスフォード版では「計篇」はESTI-MATESであり、念のためユネスコ叢書として出ているフィリクアリアン出版の孫子普及版をみると、この箇所はLAYING PLANS（計画を立てる）となっている。

以下、この冒頭部のを英訳を参考のために掲げる。

War is a matter of vital importance to the State.The province of life or death:the road to survival or ruin.

It is mandatory that it be thoroughly studied. Therefore,appraise it in terms of the five fundamental factors and make comparison of the seven elements later named, So you may assess its essentials, The first of these factors is moral influence;the second,weather,the third,terrain;the fourth,command;and the fifth,doctrine.

なるほど、英語のほうが分かりやすい。

第一の道は「モラル」であり、第二の天は「天候」のこと、第三の地は「地勢」、第四の将は「命令」もしくは「指揮」、そして第五の法とは「ドクトリン」なのだ。こうやって比較して読むとすっきり咀嚼《そしゃく》できる。

「戦略」とは、しかしながら近代になると専門化し、米国での議論は次のように定義されている。

現実的、潜在的、あるいは単なる想定上の敵に対して自らの利益を効果的に推進、あるいは確保する目標に向けて一国家（あるいは国家の連合）の軍隊の建設、武装、活用を統制する科学、アート、あるいは計画のこと。

（ジェイムズ・キング）

平時あるいは、戦時において採用された政策に対する最大限の支援を可能にするために、一国家あるいは国家の集団が有する政治的、経済的、心理的、軍事的諸力を用いる科学と

アートのこと。　　　　　　　　　　　　　（ウエブスター国際事典）

ならば吉田松陰は冒頭部分をいかに解釈したか。『孫子評註』にみよう。

松陰は、「開口の一語、十三篇を冒ひて余りあり、先師（山鹿素行《やまがそこう》）嘗て『千載不易の格言』を以て之を評せり、旨い哉。兵は是れ軍旅の事。死生存亡は乃ち大事たる所以の故なり。諸説多くは然り、異説を須《もち》ふることなかれ。地は是れ在る所、道は是れ由る所、察の字は虚に下の経・校・佐の三字を掲げたり。全篇の骨子、この字に在り」として、原文の意味を重厚に観察しつつ、文節の成り立ちの解読から始めている。

そして松陰は「五事」は計画の本義であり、「始計の文、仮に経伝と為して見れば、是れ其の経なり」と解説した。

つまり孫子の言いたいことはすべて冒頭に集約されており、先師の山鹿素行がこの部分こそは千年変わることのない格言であるとしたが、まったく正しい評価であると強調しているのである。荻生徂徠《おぎゅうそらい》も短文「孫武兵法択」のなかでこの冒頭を重視し、ここに孫子の思想が象徴されている、とした。

信長は孫子に通暁していた

孫子第一篇の「四」は「詭道《きどう》」を論じている。
「兵者詭道也、故能而示之不能、用而示之不用、近而示之遠、遠而示之近、利而誘之、乱而取之……」
（兵とは詭道であって意表をつく兵法が肝心である。才能があっても無いように見せかけ、兵力を動かしていても、そこにいるように見せ、遠くにあっても近くにいるように装い、利益で寝返りを誘い、混乱の際に便乗し……）

戦国の世を震撼させた大事件は桶狭間である。

無名だった清洲城の武将・織田信長が太守・今川義元に勝つという大番狂わせ、これこそは詭道の勝利だった。太守・今川義元を奇襲で破ったのだから。

桶狭間・田楽狭間の戦《いくさ》で、織田信長は大軍を率いた今川義元の本陣を僅か二千の兵力で討った。この奇襲の成功はひとえに信長が「幸運」であったからという評価が定着している。そんなことはあり得ない。始めから終わりまで計算ずくめであり、しかも幾重にも謀略が仕掛けられたのである。

信長の作戦は巧緻を極めた事前の計算のうえで行われた、高い成功率を見込んだ奇襲戦術だった。まさに「計」である。

桶狭間では「正攻法」と「奇襲」のテクニックが見事に使い分けられている。「奇襲」成功の鍵を握る要素の一つは情報収集、後方攪乱、偽情報（偽造文書を含む）、陽動作戦の妙にある。絶妙の組み合わせが必要であるところが、「運」などと括られる所以であるらしい。

表向きの信長の行動を追うと決戦前夜に軍議も開かずに寝てしまい、午前二時にひらめきとともに起き上がると幸若舞《こうわかまい》を舞って茶漬けを立ち食いし、早馬で熱田神宮に走り、祈祷した。無神論者の信長もこのときばかりは神頼みとおかしな評価をする向きがあるが、かねてこれも「信長伝説」の一つ、即ち作り話であろうと筆者は考えてきた。

そもそもこの記述は『信長公記』『信長記』などによるもので後世の創作の可能性が高い。またこの時代の信長は法華経の信者だったという説が根強い。

幸若舞は「人間五十年、下天のうちをくらぶれば夢幻の如くなり、ひとたび生を受け滅せぬ者のあるべきか」という小唄である。この歌には信長の人生観が強く共鳴する震えがある。

『信長公記』は太田牛一作で、完成は江戸初期である。幾多の文献ならびに関係者への取材のあとに書かれたが、松永弾正《だんじょう》の東大寺大仏殿焼き討ちを非難しつつ、荒木村重には同情的で、その好き嫌いの個性が表れている。太田牛一はもともと丹羽長秀（秀吉の先輩格）の右筆《ゆうひつ》で、のちに秀吉に仕えた人物である。

いずれにしても『信長公記』は一級資料とはいえ、長篠・設楽が原における馬防冊と三段に構えての鉄砲隊による画期的戦法による勝利と総括しており、ここにも後世の創作の匂いがある。『信長記』が書かれたのはさらに後年のこと、作者は小瀬甫庵《ほあん》である。

甫庵は豊臣秀長（秀吉の弟）、池田恒興《つねおき》などにつかえて前田家に召し抱えられ、書物を著すことに専念した。儒者にして医師でもあり、医学関係の書物もある。

『信長記』の基本は太田牛一の『信長公記』に依拠しているが、儒学の観点からの批判が多いという特色がある。いずれも活劇風で文章のうまさは天下一品、しかし甫庵太閤記や、太閤記を読んでも史実と異なる箇所や法螺《ほら》と神話作りのための嘘が目立ち、歴史的事実と照らして割り引く必要がある。

信長の事前の謀略は次のように進んだ。

「死間」の活躍がまずある（死間とは孫子の五つのスパイの最後、適地へ偽情報を運び、死んでみせて嘘を真実と思いこませる最も高等なインテリジェンス）。

今川家の家老二人が織田側に内通しているなどと偽造文書をつくらせ、しかもその手紙を懐にした忍者がわざわざ今川側から逃げ出すという絶妙の演出までこらして、すっかり今川義元を信じ込ませ、今川は家老二人を討ち果たした。

この死間の活躍で今川は事実上、二個師団にあたるほどの軍事力を自ら殺してしまったのだ。信長はこの知らせに躍り上がっただろう。「これで勝った」と。

信長の信仰心は確かに厚いというほどではないが、無神論者だと断じるほどのものがあるわけではない。晩年の狂気は比叡山焼き討ちあたりから胚胎したニヒリズムと合理主義である。近世の世の中は不合理と迷信に満ちていたから現代の目から遡ると、確かに合理主義は価値あるものに見えるだろうけれど、それも現代人が考える後知恵である。

武威の迫力をして敵に脅威を与えるには凶暴性の演出が必須である。

信長の比叡山焼き討ちについて見ると、比叡に籠もった荒くれ僧侶たちは女人禁制の聖山に多数の女性を入れていたし、京の日蓮宗の寺院を焼き討ちしたりしている。比叡山僧兵は独自に徴税し、まるで独立国家、為政者に露骨に刃向かっていたのだから信長の目に叡山は敵対する「政治集団」として映った。

狼藉を極める一向宗の武闘勢力を相殺《そうさい》するために信長はキリスト教に法外な梃子入れするなど、「宗教」に対して複眼的なアプローチを行って大いにバランスをとった。

世に言う「比叡山の焼き討ち」なるものは「怖ろしさ」のイメージを敵に与えるための宣伝色が強く、実際には小規模のものだった事実も近年立証されている。滋賀教育委員会の調査では根本中堂は焼かれていないことが分かっている。伝説と現実との懸隔《けんかく》は大きいものがある。

熱田神宮に先着した信長が兵力の整うのを待って大きく迂回したところへ、物見が「今川本陣は田楽狭間で休息中」と知らせてきた。折からの驟雨《しゅうう》のなかの突撃に驚き慌てた今川軍はすっかり攪乱され、狼狽《ろうばい》の極み。義元の旗本さえ散って逃げたことで大勝利が転がり込んだ。

このような表舞台の動きはごく基本的な知識として日本人なら小学生でも知っている。

大切なのは舞台裏である。

そこには幾重にも仕掛けられた謀略があったのだ。

両軍の兵力比較は旧参謀本部編『日本の戦史』からみても今川義元の本陣五千という人数に対して信長の本隊は二千人である。このところをまず念頭に入れて改めて眺めると少数精鋭の本質が浮かび上がってくる。

松平元康こと徳川家康は二千五百の三河武士団を率いて丸根砦《まるねとりで》の攻撃にかかりっきりになっている。このときの家康は今川方である。信長方で丸根砦を守っていたのは忠臣・佐久間盛重の七百人、鷲津砦《わしづ》の守備隊に織田信平以下四百人だ。鷲津砦を攻めた今川方は朝比奈泰朝《やすよし》以下二千人の軍勢をつけた。今川二万五千人の、このときの配陣地図を描いてみると他に清洲方面に前進しているのが五千、鳴海城と沓掛城および大高城を守備しているのが三千人強ということになる。

今川方の兵站がだらだらと延び切っている。数にあぐらをかいて驕りが出たという今川義元への評価は当たっている。まして部隊間の連絡密度が薄い。これでは軍の総合力を発揮しにくい。

前後の事情を『信長公記』は次のように記している。

今川義元沓掛へ参陣。十八日夜に入り、大高の城へ兵糧入れ、助けなき様に、十九日朝、塩の満干を勘《かん》がへ、取手《とりで》を払ふべきの旨必定と相聞こえ候ひし由、十八日、夕日に及んで、佐久間大学・織田玄蕃かたより御注進申し上げ候ところ、其の夜の御はなし、軍《いくさ》の行《てだて》は努々《ゆめゆめ》これなく、色々世間の御雑談までにて、すでに深更に及ぶの間、帰宅候

「智慧の鏡も曇る」という表現が見事に隠蔽したように、逆に信長の演技が光るようだ。ふつう軍議は必ずといってよいほど内応者によって敵方に漏《も》れる。信長は早くからこれを防ぐための工夫をしていた。

後年、武田勝頼を相手とした長篠の戦でも鳶ヶ巣《とびがす》砦の奇襲を献策した武将に満座では、「ばかげたことを！」と痛罵してみせ、あとでこっそりと帷幄《いあく》に呼んでほめ上げ、その策の実行を命じている。もし『信長記』の記述が正しければ、この時点の信長は、最初弟についていて途中から信長譜代となる実力者・柴田勝家にさえ、全幅の信頼をおいていなかった。身内に対してさえ陽動・攪乱の策を信長は採っていたのだ。

こうした経過を振り返ってみても、まさに信長は孫子に通暁していたとみるべきであろう。

信仰心を敵に回す愚

いわゆる「比叡山延暦寺の焼き討ち」は元亀二（一五七一）年のことで、前年に信長に敗れた浅井・朝倉連合軍が乱入したのが直接に対峙する原因である。麓の坂本城は明智光秀が固め「降伏しなければ焼き討つぞ」と最後通牒を送っている。

そもそも比叡は伝道大師（最澄）以来の伝統を誇っており、焼き討ちなどという発想は、佐久間信盛や明智光秀ら攻め手の諸将にはなかった。

――元亀二年九月十二日、信長軍は坂本から登って火を放ち、すべてを焼き尽くし、籠城していた老若男女数千人を殺したと『信長公記』に書かれたし、伝聞を綴った山科言継《ときつぐ》の『言継卿記』、『お湯殿の上の日記』、『日吉社兵乱記』にも延暦寺焼き打ちと信徒の大量虐殺が記されている。

ところが昭和六一年、滋賀県の教育委員会が長年かけて行ってきた発掘調査の結果を発表した。焼土層、痕跡がまったく見つからず、そこで滋賀県教育委員会は「全山の諸堂が紅蓮《ぐれん》の炎に包まれ、大殺戮があったというイメージからは程遠い、〝山火事〟程度のもの」とした。実に四百年もあとになって信長の真実の一部が明らかになった。

あの神々しい山稜と聖なる伽藍《がらん》、根本中堂を、本当に信長が火を放ったのかとかねてから不思議に思っていた。筆者はある年、晩秋の比叡に、坂本口からケーブルカーで改めて登ってみた。深い緑に包まれた比叡の冷気に心のやすらぎを覚えた。

聖地は人々に精神の安定をもたらし、今日も比叡、高野山には夥しい人々が集っている。この民衆の素朴な信仰心まで信長は敵に回すことはしなかったであろう。

そうした文脈から勘案しても信長、秀吉、家康は、宗教そのものを敵としたことは一度もなかったのだ。

兵糧攻めの見本、三木城干殺し

孫子第二編は作戦編だが、第六項に兵糧のことが出てくる。

すなわち、

善く兵を用いる者は、役は再びは籍《わりあ》てず、糧《かて》は三度載《はこ》ばず、用を国に取るも、糧を敵に因る。故に軍食足るべき哉、国の師に貧なる者は、遠き者遠く輸《おく》ればなり。遠き者、遠く輸らば即ち百姓貧し、近師なれば貴売す。貴売すれば即ち財竭《つ》き、財竭《つく》れば以て兵役を急《きびしく》す。

この箇所の中国語原文は次のようだ。

「善用兵者、役不再籍、糧不三載、取用於国、因糧於敵。故軍食可足也。国之貧於師者、遠者遠輸、遠者遠輸則百姓貧、近師者貴売、貴売則財竭、財竭則以急兵役」

兵糧攻めの真骨頂となる典型例は秀吉が行った三木城攻めである。秀吉側の視点からこの作戦を総括してみたい。

三木城主の別所長治はもともと反・信長派ではなかった。一時は秀吉に通じようとしたけれども一向一揆の信徒らがどっと城内に入ってから、あからさまに反信長色を前面に押し出して毛利方の前衛となってしまったのだ。だから信長にとって別所長治への憎さは倍増する。秀吉に征伐を命ずる。

天正六（一五七八）年三月、中国攻めの総大将として三木城を囲んだ秀吉は二万七千、対する籠城側は七千五百人だった。兵糧攻めで三木城の周りの支城、付け城を順番に落とし毛利方の兵站支援ルートを断ち切る。しかし三木城は二年近く持ちこたえた。これを「三木の干殺《ひごろ》し」と後世の史家は名付けた。

秀吉がこれほどの時間を浪費したのは第一に黒田官兵衛の不在（有岡城に荒木村重の説得に赴いたが一年も拘束されてしまった）、第二に竹中半兵衛の病（彼は平井山陣中に没した）。しかし、第三に秀吉は時間稼ぎをしながら中央の様子を窺っていた事由のほうがもっと大きいだろう。中央政界の様子見をして、時間を稼いでいたのだ。

別所長治はとくに東播磨の諸城主と連絡を取りつつ「反秀吉」の旗幟《きし》を鮮明にして、三木城を修築して対決の姿勢を示した。

そこで秀吉は姫路の書寫山圓《しょしゃざんえん》教寺《ぎょうじ》の十地坊に本陣を移し、天正六年四月三日、三木城の支城の一つ野口城を包囲し始めた。ここにおいて別所長治、羽柴秀吉の衝突が具体的な形で現れた。

その間、毛利の支援部隊と秀吉軍が上月城下で戦い、秀吉による別所長治総攻撃は六月二十九日から始まった。この段階における三木城の支城は三十余カ所を数え、秀吉は二万七千余の大軍を率いて平井山に陣営を定め、三木本城と三十余の支城を包囲し、持久戦となった。

翌年正月、英賀《あが》城主の三木通秋が兵糧米を三木城に入れることに成功し、五月にも毛利輝元の手によって淡河《おうご》城《じょう》を経て兵糧米が三木城に運び込まれ、城内の飢渇を待つ秀吉の作戦の裏をかいている。

この兵站作戦は別所側の成功だが、城から打って出た将兵の大車輪の活躍あってこそ実現したもので、三木城跡へ行くと大きな掲示板にこのときの戦闘場面を想像した錦絵が十数枚飾られている。三木城跡は駅裏から急な坂道を登ったあたりに本丸址が公園となっており、堀側に別所長治の辞世の石碑が建立されている。

しかし三木市の人口が減っているうえ市内から郊外へ住宅がのびて駅裏商店街は今やシャッター通り。つまり三木城跡を見物に来る人が殆ど居ないという寂しさ、やや山の手に行くと別所長治夫妻の首塚がある。

秀吉による三木城包囲網は次第に狭められ、天正七（一五七九）年の十月には三木城の支城群も縮小したため南は八幡山、西は平田、北は長屋、東は大塚の地となった。

翌天正八年正月十一日、秀吉勢に居城鷹尾を攻められた別所吉親は支えきれず、三木城の別所長治に合流した。ついで十五日、秀吉方にあった別所長治の一族、別所重棟は長治の臣、小森与三左衛門を介して長治に開城を勧告させ、長治も交戦の非を悟り、ついに開城に至った。和議の条件は長治以下主だったものの切腹とひきかえに城兵の命を助けるというものであった。

とはいっても二年近い長期籠城戦であったゆえに餓死するものはもちろん、発狂するものもあり、城内では死んだ仲間の肉も食した。

秀吉の城攻めは巨大なプロジェクトのための一つの戦術であり、訓練の場でもあるという考えだった。これが秀吉の城攻めの典型的なパターンとなって以後の鳥取、高松城攻めに応用される。

三木城干殺しに関しては姫路城裏の歴史博物館に詳細な絵巻があってスライドで見ることが

できる。秀吉のユニークな城攻めの原形がこの三木城の戦いだった。

中国のシークレット・エージェント

孫子第十三篇にある用間篇は要するに戦争の勝敗は「間」（スパイ）の優劣に支配され、国家の存亡に死活的要素となり、極めつきに重要であると強調している。

台北在住のジャーナリスト、迫田勝敏氏が『エコノタイワン』（二〇一四年九月号）に書いたレポートでは、台湾で前代未聞のスパイ事件が起きたという。

中国政策を担当する行政院（内閣）大陸委員会（陸委会）が同会副主任委員、張顯耀《ちょうけんよう》は「中国のスパイの疑い」と発表したのだ。

事件を聞いて張治中を思い出した。張治中《ちょうじちゅう》は半世紀以上も前の国共内戦時、蔣介石の四大腹心の一人で、中共軍と北京で和平交渉にも当たった。交渉は破談になったが、張治中は北京に残り、結局、共産党入り。実は共産党のスパイだった。何年も前から共産党と通じ、それを隠して、国民党軍の中将になり、新疆省政府主席も務めた。中国共産党の工作というのは凄い。

台湾では過去、何人もの要人がスパイとして処刑されているが、多くは軍事機密漏洩の軍人だった。文官でこれほどの高官は初めて。「中華民国」が台湾に移って以来、最高幹部のスパイ事件になる。

中国が張顕耀を張治中のように台湾政府に潜らせていたのだとしたら狙いは明白。両岸交渉を中国に有利に進め、悲願の統一の早期実現だろう。

KGBはスパイのなかでも敵国のスパイ、寝返り、ダブルエージェント（二重スパイ）、とりわけ「影響力のある代理人」（学者、政治家、ジャーナリスト）、それも「自覚の無い代理人」を重視した。自覚無く最終的に敵の宣伝役を果たした、たとえば「べ平連」の小田実、中国の意に沿った言論をなした井上清、本多勝一のような有名人だ。

戦前、ソ連は日本にゾルゲを送り込んで、朝日新聞記者で近衛内閣のブレーンでもあった尾崎秀実《ほつみ》を協力者に日本の戦争方針をまんまと南進に転化させた。北方の軍事力が削減されればソ連の士気も高まり、結果的にスパイは自国の利益となる。

同じように、「影響力のある代理人」はメディアへも浸透している。

しかし現代では共産主義のイデオロギーのために進んでスパイをやるという動機はなくなり、カネ、女、怨みが大半の動機となった。孫子はカネに転ぶ相手側の人を利用せよ、としたが、ハニー・トラップはまったく出てこない。

ともかく近年、スパイのリクルートに手が込んできた。カネに困っている高級公務員につけこむ手口やメディアの籠絡には美人局《つつもたせ》、ハニー・トラップという手段が駆使された。日本の政治家、新聞特派員で後者の手口で中国側に転んだ例は枚挙に際限《いとま》がないほどだ。

日本の精神を劣化させるために政治宣伝戦争を仕掛ける中国は、日本のマスコミをあたかもスパイのように駆使し、中国に有利な報道をさせてきた。「南京大虐殺」「731部隊」「三光作戦」「従軍慰安婦」「強制連行」など一連のでっち上げキャンペーンがそれである。

ところが嘘がばれて朝日新聞は吉田証言などを取り消すという大事件がおきた。

朝日新聞が平成二十六年八月五日と六日に掲載した「慰安婦問題を考える」という記事で強制連行を証言した所謂《いわゆる》「吉田証言」などを取り消した。

「女子挺身隊と慰安婦を同一視した」ことも取り消し、「軍が人さらいのように朝鮮、台湾で組織的連行があった」という資料は見つからなかったなど過去の出鱈目《でたらめ》報道の誤りを認めたのだ。だが誤りを認めても謝罪もせず、あいかわらず詭弁を弄する朝日新聞だが、この「記事訂正事件」こそは「大事件」、ついに社長の引責辞任へと至った。

朝日新聞の修正記事に中国は焦燥し始め弱々しい反論を書いた（八月十二日付け「人民日報」日本語版から引用）。

日本の朝日新聞はこのほど日本軍が済州島で女性を暴力で強制連行し、慰安婦にしたことを証明した一九九一～一九九二年の一連の記事の取り消しを発表した。この声明に日本の右翼メディアは歓呼の声に包まれた。（人民日報「鐘声」国際論評）

人民日報の「朝日新聞」批判は、目くそ鼻くそを笑うの類《たぐ》いだが、重要なことは反論のレベルではない。朝日新聞が中国の代理人のごとき紙面作りをしてきたことは周知の事実である。中国側は珍妙な論調を続けた。

朝日新聞による記事の取り消しという行為は、安倍晋三氏の指導下で激化し続ける日本の右傾化の産物だ。今回の件によって国際社会は、日本が右傾化の道に沿って一歩一歩滑り落ち、暗黒国家へと変りつつあることも目の当たりにした。

暗黒国家である中国が自ら、民主国家の日本を「暗黒」というのは凄まじくデフォルメされた、悪質の比喩である。ましてや日本が「右傾化」していると軍国主義そのものの国家が批判するのも笑止千万である。

同紙はさらに次のように続ける。

しばらくの間というもの、日本のマスメディアが人類公認の正しい道理と正義に挑戦する茶番がひっきりなしに起きている。同時に、事実を捏造し、企てをもって中国と他国との関係に水を差す中国関連報道もことのほか目に余る。

どちらが茶番？　この「事実を捏造」し、水を差す関連報道が「目に余る」という表現。そのまま中国のマスコミのことである。

しかも平成二十六年八月二十八日発売の『週刊文春』（九月四日号）の広告掲載が朝日新聞社に拒否された。

掲載拒否の広告は「朝日新聞『売国のＤＮＡ』」などの見出しがあり、朝日新聞社が一部記事の誤りを認めた従軍慰安婦報道について週刊文春は特集記事を掲載していた。

朝日新聞社広報部は広告の不掲載理由を「当該の広告は論評の範囲を著しく逸脱し、本社の社会的評価を低下させるもので、掲載に応じられないと判断した」とした。これが大事件第二弾だった。

こうした朝日の対応ぶりは戦略性がなく、まさに「兵力の逐次投入だ」と佐瀬昌盛氏がたとえた（産経新聞、二〇一四年九月十七日「正論」欄）。

ついでに韓国のことも見ておくと、檀君神話を「発明」（つまり偽造して）、世界で一番偉いのは朝鮮民族という誰も信じないファンタジーに酔ってしまった。

なにごとも「事大主義」と「反日」の呪いに呪縛され、永遠に立ち直れない韓国人には悲哀が漂う。韓国人の怨み節という治癒不能の病理を冷静に批判し、日本の国民性と比較しているのが、黄文雄氏の本である。

一例を引こう。

従軍慰安婦と強制連行の嘘がばれても、朝日新聞は訂正謝罪したのは吉田証言だけであり、しかも英語版では、その報道をしていない。だから米国は、朝日の動きを正確に掴んでいないが、朝日の訂正謝罪を「日本の右派の策動」と政治的色眼鏡で位置づけているのが、韓国と、そして中国である。

彼らは落ち目の朝日新聞の再生を願っているという不思議な構図ができた。

世界売春史の性風俗発展の過程はたいてい巫妓、官妓から市妓、私妓へと変わっていく。中国では、宋の時代になると、市妓と私妓が盛え、宮妓も官妓も没落していく。朝鮮の妓生は代表的な性奴隷である。約千余年前の高麗時代からすでに公娼の記録があったものの、宋のように市妓と私妓が未発展なのは、商品経済と貨幣経済が未発達だから、「性奴隷」の解放は李朝が滅亡してからである。（中略）

日本陸軍は、中国のような国家による営妓（軍妓ともいわれる）の直轄経営をしなかっただけでなく、いかなる企業経営にも経済的活動にも参加していない。「狩り出された」といわれる「女史挺身隊《ていしん》」は、いわゆる「従軍慰安婦」ではない。彼女たちが兵士相手に強制売春をさせられたというのは、完全な歴史捏造である。

（黄文雄『立ち直れない韓国』、扶桑社）

もともと朝鮮は中国に宦官と貢女を貢ぐ朝貢国家だった。

数年前、筆者が黒竜江省の孫呉に残る日本陸軍の将校倶楽部跡を見学したおり、二階に「妓室」があったので、中国人ガイドに「こんなことは日本陸軍ではあり得ない。売春は妓楼が軍の外にあり、兵士は、そこにかよった。軍兵舎や将校倶楽部の建物の中には絶対になかった」と抗議したが、その意味が分からずにポカンとしていた。

さもありなん、中国軍では軍妓は兵舎、それも将校倶楽部の建物内にあったという何よりの証拠だろう。

要するに中国も韓国も日本批判のためには嘘放送を繰り返しているのである。

そしてプーチンも孫子を愛読？

孫子第九篇「行軍篇」に「杖つきて立つ者は、飢えるなり」とある。相手が飢えているか、どうかの見分け方を論じた箇所で、水くみ役が真っ先に水を飲んでいたり、チャンスだというのに敵が進撃してこないのは敵の体力が落ち、疲労の極にあるからだ。

これを次に欧米が仕掛けたロシア制裁と、真逆にロシアが欧米に仕掛けた経済制裁を比較することで検討してみる。

二〇一四年の夏に筆者はモスクワとサンクトペテルブルグに行ってみた。モスクワは二十年ぶりだった。おりしも「ウクライナ問題」をめぐって西側の経済制裁にさぞやロシア国民は悲鳴を上げているると予測していたのだが、どっこい、このときのロシア人は意気軒昂だった。

そのうえプーチンの人気は上昇し、なんと八五パーセント（二〇一四年十一月現在）、反プーチン側のリベラルなメディアですら、ナショナリズム一色だった。

しかし何よりも驚いたのは「闇ドル屋」がいなくなっていたことだ。つまり孫子でいうなら「敵は飢えていない」のだ。

冷戦終結直後、ルーブルは紙くずとなりマルボロが通貨に化け、辻々に闇ドル屋がいた風景は今やどこにも無かった。

驚くべし、スナックやバアでドルを歓迎したかつてのロシアで、たとえば空港のバアでビールを飲んでドルをだすと拒否された。「ここはルーブルしか通じません」。それで僅か三〇〇円ほどのビール代をクレジットカードで支払った。

ドルの闇屋がいなくなり、町中から両替屋が激減し、観光地でしかドルを受け取らない。

プラウダ英語版（一四年九月三日）に下記のようなユニークなコラムを見つけた。

「ウクライナの東西分裂は欧米のシオニストたちの画策の結果であり、米国が主導する経済制裁にEU諸国は温度差を示しながらも呼応してモスクワに圧力をかけた。確かに一部のロシア財閥に影響があるが、もっとも悲鳴を上げたのはキエフ経済界を動かすユダヤ資本家たちだった」と書き出したのはドナルド・コダー司教だ。

同コラムは続けてこう書いた。


「経済制裁はそれ自体が目的ではなく、ウクライナに於けるロシアの行為は許容できないとする意思表示の手段で、建設的である」とバローゾEU委員会委員長は言うが、プーチンの指導力を弱めようとする西側の宣伝を鵜呑みにさせる宣伝文句でしかなく、心理戦の手段である。「ロシアのどこに欠陥が在るか？」と問えばロシアが同性愛結婚を認めないのが人権侵害ときた。経済制裁に対応したプーチンは欧米からの農作物輸入を禁止した。これで誰が一番の被害を被ったのか。それはアグロ・ビジネスを寡占してきたアングロ・シオニスト・アメリカン、つまりキエフの財界を握り、欧米資本と手を握るユダヤ資本家ではないのか。

そして孫子を用い、こう結んだ。

「孫子は『実際の戦争より相手を戦闘せずに抵抗をやめさせるのが最良の策』と言ったように、プーチンのクレムリンが現在展開している戦術は農作物禁輸とBRICS銀行設立によるドル基軸体制、すなわちIMF世銀体制への揺さぶり、まさにプーチンは孫子の兵法を実践しているのだ」と。

ロシアのメディアにも孫子が出てくるのである。

いささか負け惜しみとも聞こえなくもないが、このようにロシアは現在、アンチ欧米、ナショナリズム絶頂の季節である。

なお、ここでいう「アングロ・シオニスト・アメリカン」というのはプラウダのコラムニストの造語である。一般的に「アングロ・アメリカン」といえば世界最大の資源、ダイヤモンド、レアメタルを扱う英国集団を意味し、農業商社は米大手カーギルなどを意味するが、間に「シオニスト」と挿入して、いかにも欧米の金融資本家を示唆する。

「反日」をビジネスにする人たち

孫子の兵法が最も力を入れたのが情報戦、つまりインテリジェンスであることは幾度か繰り返してきたが、要諦は「戦わずして勝つにはどうするべきか」という問題なのである。

ここまで書いてきたときに田母神俊雄元航空幕僚長から『なぜ朝日新聞はかくも安倍晋三を憎むのか』(飛鳥新社)をいただいた。題名から明らかに朝日新聞批判だがよくよく読むと孫子の情報、諜報戦争の応用を書いているので、その平仄《ひょうそく》に驚かされたのである。

まず朝日新聞の果たした間諜的役割を分析してみると朝日は「某国」のプロパガンダに合わせての紙面作りではなく、わが日本の国益を追求するメディアに生まれ変わらなければ消滅は避けられないかも知れない。

週刊誌もこぞって朝日新聞批判、それも過去の報道の誤りをいやいやながら弁解がましく認めたが謝罪がないという傲慢さを非難しており、夕刊紙も朝日批判が目立ち、ネット世論は攻撃につぐ攻撃、朝日を擁護する〝珍歩的ブンカジン〟は少数派に転落した。

田母神氏が結論的に訴えているのは「中国共産党の先兵」である朝日新聞が、結局のところ、中国に奉仕する先兵、スパイ用語でいう「代理人」に成り下がった事実の糾弾であり、「反日が巨大なビジネス」になってきた、国家転覆、国家消滅を願った左翼全盛時代の終わりを告げるにふさわしい警告的主張である。

思えば拙著『朝日新聞がなくなる日』（ワック）はあまりに早い段階の警告だった。ネット世論が朝日批判で溢れ出した頃、朝日は左翼偏向をむしろ拡大し、判断の基礎となる国益は日本ではなく北京のそれではないかと多くの人が疑問を抱き始めていた。朝日は部数が明らかに減っても、事実を認めようとはせず、とくに学生が読むと言われた時代からみれば、ネット世代の若者が完全に朝日新聞にそっぽを向いているという目の前の現実を軽視した。いや、見て見ない振りをした。

朝日新聞を読まないと知識人ではないなどと本気で教え込まれた、あの時代は共産主義を理想として、反戦平和、非武装中立を本気で訴える人がいた。

とくに朝日は「保守派」に「反知性主義」というラベルを貼って、そもそも上から目線で日本に起きている保守回帰現象を過小評価してきたのだった。今までの朝日の姿勢のなかで、とりわけ犯罪的なことのなかの一つが資源に関しての意図的な報道である。とくに反原発報道である。福島第一原発事故に関して、信じられないような嘘を並べて国民の不安を煽った。

資源が欠乏すると日本経済は立ちゆかなくなり、日本滅亡に繋がる。だから国家安全保障からみる資源問題を軽視し、徒らに原発は危険と扇動した。

田母神俊雄氏は前掲書のなかで次のような分析を展開している。

かつては戦争という軍事的手段が資源確保の最たるものであったが、いまでは情報戦争を通じた経済戦争という「目に見えない戦争」を仕掛けられている。（中略）戦争は国家による知略の限りを尽くした間接侵略が主流となった。現代では強大な軍事力を背景に「情報」を新たな武器にして、激しい資源や富の争奪合戦が展開されている。

つまり「情報網を駆使して相手国の経済を弱らせる、歴史認識で自虐的な教育をさせる、相手国の土地を買いあさる、相手国の中枢にスパイを送り込む、産業スパイを行う、相手国と敵対する国々と交流を深める」。

こうした目的に沿って、「虚偽情報やデマ、捏造が頻繁に行われ、自国に有利な条約や国際システムを作ろうとする。『情報戦』を制する国が世界を制するのであり、軍事力は戦争の道具ではなく、外交交渉で平和的に物事を解決するための手段となっている。軍事力がなければ侵略を許し、情報戦に勝つ体制づくりもできない」。

第二は日本を精神的劣等におくために国際的に仕掛けられるデマ、歴史論争である。

米国の議会に暗躍する中国の代理人は、「日本を貶める米国内の世論工作を大々的に展開している。いわゆる『歴史認識問題』『従軍慰安婦問題』のアメリカ工作だ。米国での日本糾弾《きゅうだん》は国際世論に一番影響があると熟知し、日英同盟を分断するのにも最適と判断しての攻撃だ」（以上の引用は田母神前掲書）。

この源流はＣＩＡの前身組織ＯＳＳにまで遡る必要がある。

ＣＩＡの前身だった情報工作・謀略機関は「ＯＳＳ」。ここに左翼リベラル、コミンテルンのスパイ、国家破壊を無上の喜びとする左翼が集った。彼らの大半がユダヤ人であり、東京裁判の裏方で暗躍し、憲法を日本に押しつけ、また南京大虐殺という作り話をでっち上げた。

彼らを捉えていた思想はマルクス主義のフランクフルト学派の影響を受けた疑似インテリで、代表格はハーバード大学教授だったアンドルー・ゴードン。その残映の亜流がジョン・ダワー、エズラ・ボーゲルなどにも影響し、左翼新聞とよばれるニューヨーク・タイムズを根城に今も反日論調を張っている。この新聞と提携関係にあり、似通った論調を繰り出すのが朝日新聞である。

田中英道氏の『戦後日本を狂わせた左翼思想の正体』（展転社）はこれを「ＯＳＳ空間」と名付けた。

「戦後レジーム」の克服は、ＯＳＳ空間からの脱却でなければなるまいと主張される。

田中氏は淡々と、客観的事実だけを列挙し、静かに、しかし的確に敵を討つ。

「(原発反対などは）ソ連のコミンテルンのような政治的な扇動とは異なり、自発的な大学人やジャーナリストなどの知的な様相をもった社会運動である。それは道徳的な退廃を伴っており、陰険な恐ろしい動きと言ってもよい」。なぜなら「こうした変種の隠れマルクス主義の社会変革の意図を見抜けな」いわけで、その理由は「反権威主義という名の、ユダヤ人による欧米の伝統社会の破壊と同じく、日本の道徳心の荒廃化をもたらす」からである。

経済面においても然り。

「グローバリゼーション、新自由主義の名のもとに、金融で世界を支配しようという試み」がウォール街に存在しているが、「これらは、経済において国境をなくし、政府による規制を撤廃し、資本の自由な移動をめざすものだが、その結果が隣国の中国や韓国におけるように、外資による資本占領や資本逃避によって混乱し窮乏している」（同前）。

そして、この世論工作という謀略を側面から間接支援したのが朝日新聞に代表される左派マスコミの偏向報道だった。

第三に問題視するべきは反安倍政権という外国を利する行為に先頭をきって熱狂した紙面作りをしていることだ。

集団的自衛権、特定秘密保護法に関する朝日の報道の凄まじき歪曲は、意図的な世論工作である。

ゾルゲの相棒だったコミンテルンのスパイ尾崎秀実は朝日新聞記者だった。コミンテルンの謀略では当時の近衛内閣が最も効果的と狙われた、彼らの真の目的は日本の政策変更だった。

赤軍情報部第四部諜報員だったリヒャルト・ゾルゲは朝日新聞記者の尾崎秀実を駆使し、およそ四百の機密情報を入手させたばかりか、尾崎を偽装させ、世論の誤導工作を行わせた。

日本を北方から中国大陸への進出に引きずりこむと、ソ連としては東部戦線の戦略を対独戦争に回せる。そこで盧溝橋事件の翌年に『改造』に論文を書いた尾崎は、典型的なスパイ工作文書を残したのだ。

「日本がシナと始めたこの民族戦争の始末を付けるために軍事的能力をあくまで発揮し」

「日本がソ連を攻撃することは近視眼的で、シベリア東部に得るものは何も無い」

したがって「日本が中国国内ではなく、他に拡大を目指すとしたら南方地域こそ価値がある。南方には日本の戦争経済に欠かせない重要資源がある」などといって、ついには近衛内閣の方針を南進させることに成功した。これぞ世紀の謀略の成功例である。

当然の結末だが、朝日新聞はいよいよ廃刊か、論調転換による生き残りかを選択する土壇場を迎えている。

米国の場合、『ウォールストリート・ジャーナル』紙は新聞王マードック傘下となり、ニューヨーク・タイムズはメキシコの実業家に身売りを考えたこともあり、名門『ワシントンポスト』は社主が交代した。いずれもネット時代に乗り遅れたからで、地方メディアは数十紙が廃刊に追い込まれた。『クリスチャン・サイエンス・モニター』紙などはネットだけの新聞となった。

朝日の場合は、ネット時代の影響も甚大だが、偏向報道による読者離反である。読者からの抗議が殺到し、公称七百万部という部数が激減し、強制連行、従軍慰安婦の虚偽報道の訂正事件では「精神的被害」を受けた人々を中心に、かつてない集団訴訟が用意されている。

関ヶ原はインテリジェンス戦争の総決算

関ヶ原合戦は言ってみればインテリジェンス戦争の総決算のようなものだった。

物理的な戦闘は、僅か半日で終っている。ノルマンディや沖縄の上陸作戦などを想起すると比類のない短期決戦だ。イスラエルの電撃的勝利となった一九七三年の中東戦争でさえ六日間を要した。

家康戦略の特徴はまず第一に徹底した石田三成の人間研究にある。

こういう性格の人間なら、こうした場面をどう判断するか。優柔不断の織田信雄《のぶかつ》のせいで味合わされた苦い経験、それは信長の激しさに比べると天と地ほどの開きがあった。長久手《ながくて》の戦いで物理的に負けはしたが、秀吉は外交で勝利した。

ハイタッチの人間の読み方において秀吉が優《まさ》ったからだ。情報収集・分析、そして陽動、攪乱、逆情報などにかけては自分のほうが上、と家康は思っている。

家康は大谷刑部《ぎょうぶ》吉継や加藤清正、福島正則など諸将をあらゆる角度から分析し、その人間性に至るまで微細に亘って判断材料とした。

情報戦略の巧拙が東軍と西軍の明暗を分けた。関ヶ原は諜報・謀略による外交の前哨戦の勝負であり、情報戦争の段階で家康が卓越していたのに対して、功だけを焦る三成は並外れて無能だった。

緒戦を振り返ってみても江戸城から腰を上げようとしなかった家康は、ここで各地にスパイ、間者、工作部隊を放っている。

福島正則は幾度もじれて家康の出陣を促したが、これも動きの派手な福島の性格を計算してのうえのこと。宣伝目的のための公然たる代理人役を負わせている。いわば世論の誘導工作員だ。加藤清正や福島正則の派手な動きと人間性を研究し、彼らの苛立ちを逆利用して、家康の鈍さを天下に周知させた。逆宣伝工作なのだ。

当然、石田三成は油断して警戒心が後退するし、西軍の士気も緩む。

三成もむろん家康側にスパイを送っているが、せいぜい斥候程度でインテリジェンスに長けているというほどのものではなかった。三成にとってこの合戦は信義の決着をつけるという倫理の問題であり、パワーポリティックスの基盤に立っているとはいいがたい。西軍の不幸は三成をなぜ大将に選んだか、に尽きる。

家康にとって大谷刑部など歴戦の勇士たちが三成軍の参謀を務めている以上、敵も侮りがたかったとはいえ、こうした非現実主義者を相手にするのは、赤子の手をひねるようにたやすいものだった。

逆情報によるスパイ活動を終えたあと、家康の動きは突如として迅速になった。前線から最新情報を運ぶ藤堂高虎の諜報活動、苛立って待った福島正則の武勇は後々までも語り継がれることとなったが、もう一つここに加えたいものがある。それは手紙作戦。今日でいうダイレクトメール戦法を展開しているのだ。

これは今日のツイッターやフェイスブックであり、世論を形成し、あるいは主導するためにハイテク通信網を活用する。安倍首相ら日本の政治家が重視するものである。

孫子を知らない悲劇

孫子に学ぶ旧ソ連の諜報機関ＫＧＢの専門用語ともなったAgent of Influence（世論誘導のため影響力を行使できる代理人）のことに触れておきたい。

確かにソ連は解体し新生ロシアとなったが、諜報機関のＫＧＢ組織は名前を変えても健在、ちゃんと存在し続けている。いや、プーチン大統領その人が旧ＫＧＢの出身者ではないか。

外国においてロシアの味方となる代理人を工作し、ロシア有利の世論を誘導する。あるいは中国が米国のメディアを巧妙に駆使し、議会の怒りをよそに、米国世論を中国有利に誘導するジャーナリスト、言論人、議会人を多数抱えている。合法的にそうした世論工作をする広告会社やロビィストにも大金を支払ってつねに米国世論形成に心配りを見せている。日本は米国におけるロビィストの使い方も貧弱だが、ジャーナリストの工作に関しては中国に決定的な遅れをとっている。

結果的に見ると家康にとっての誘導工作員は、半ば公然たるものだ。今日の国際政治の舞台裏では非公然もしくはCovert（隠然）といって、自分が気づかないうちに敵を利している輩を指す。日本には中国を利している代理人が少なからずいる。

福島正則、山内一豊《かつとよ》などは公然たる誘導工作員で大声張り上げて家康側に組し、先陣まで務めるのだから奥州の強豪、伊達政宗までひょいと徳川方へつく。誘導で雪崩を打って味方につけるなどは、戦局では最も重要になる。裏切り者として名を馳せた藤堂高虎にしても、倫理・道徳の強調された明治以降、きわめて評価の低い武将に格落ちしたが、藤堂高虎は単にオポチュニスト、今風にいえば風見鶏なのだ。

藤堂高虎が関ヶ原で果たした役割こそ、最優秀の誘導工作員といっていいだろう。

まず第一に「家康が来るまで待てない」と苛立っていた福島正則、池田輝政などの急進派を説得して、ぎりぎりまで孤軍の決戦を控えさせる。東軍の突出はこの段階で危険だからだ。勇猛な武将の加藤清正も家康代理人の高虎に言いくるめられている。

第二は関ヶ原の日和見主義者たちを家康側になびかせる天王山となった、小早川秀秋への工作である。これを実践したのは小早川と何回、何十回と接してきた黒田官兵衛・長政親子にほかならない。

ついに小早川秀秋の寝返りを成功させるのだが、その段階ではすでに朽木《くつき》元綱、小川祐忠《すけただ》、赤座《あかざ》直保、脇坂安治など大谷吉継派の幹部もオルグしていた。

「秀秋は家康らに内通している」を脅し文句に使って寝返らせたのだ。秀吉亡き後、家康に着いた黒田官兵衛の調略《ちょうりゃく》の凄さを見せつけられる。

この四人の武将は関ヶ原合戦当日、大谷の部隊に切り込んで武功を立てた。名将大谷はこのころ目が見えず、かえって心眼が利いて親友の三成を幾度も諭している。大谷刑部の西軍への参戦は友情によるものだろう。

いよいよ開戦前夜、家康は三成軍に最大最強の攪乱情報を送った。

東軍は大坂へ進撃中というものである。三成は見事にこれに引っかかって、敵の動きを確かめることもせずに夜の冷雨をついて大垣城をとび出してしまった。

主力軍の到着しない徳川方と、石田方との関ヶ原の戦闘についてはあるまでもあるまい。夜通し雨の中を行軍した西軍は、狭い山間に陣を張るときにはすでに疲れ果てていた。三成軍は家康が練った情報戦略に完膚なきまでに敗れ去った。

かくして石田三成は情報心理戦に敗れたのだ。ましてそのイロハも知らぬ淀君と秀頼は作戦相手として同列に論ずるまでもない愚かしい行動を取るが、それは関ヶ原から十数年後の大坂冬の陣、夏の陣である。

関ヶ原で駆使した情報戦略のパターンで心理的に威圧して淀君を妥協させたあと、家康はこの戦争に殆ど興味を失っている。

夏の陣は黒田家から出奔し長らく浪人をしていた後藤又兵衛と九度山から乞われて大坂入りした真田幸村の大活躍もあるが、基本的には付け足しでしかなかった。

むしろ当時の家康は江戸湾を干拓し、新しい城の建築の仕上げに取り掛かっている。かつてこれを理由に秀吉からの朝鮮出兵要請を免れ、新しい都市づくり、国づくりのためのハイテク情報収集に没頭していた。また来るべき文化の興隆に備え、西洋印刷術などの技術革新に興味を持ち、そのソフトウェアの獲得を死ぬまで続けた。

徳川家康の初期は「中央」の情報把握、すなわちインテリジェンスに立ち遅れていた。

これが小牧・長久手の戦いで軍事的に勝利しながら政治力で秀吉に負けた主因だった（具体的検証を次章でおこなう）。

徳川家康は織田信雄が秀吉と単独講和したことを二、三日あとまで知らなかった。織田信長は天正九年（本能寺の変直前）に徹底した伊賀征伐を行っており、忍者組織は壊滅、百地《ももち》家などは紀州に逃れた。百地流、雑賀《さいが》流などの忍者は、のちに紀州和歌山から輩出し、家康の代になって徳川方につく。彼らは信長を継いだ豊臣秀吉に対しては不断の戦いを挑んでおり、秀吉は絶えずゲリラ暗殺隊を警戒しなければならなかった。

反対に家康は本能寺の変直後、堺にあって警護団が少なく絶体絶命のピンチに陥り、決死の伊賀越えを経験しているから、すでに伊賀流忍者たちを掌握して大いに駆使したばかりか、甲賀の忍者も掌中にしていた。

この忍者重視は信長、秀吉とまったく異なるやり方で、後年これに慌てた大坂方は真田幸村を招くに至ったのだが、ときすでに遅く、徳川のインテリジェンス作戦を前に対応策には限度があった。つまり大阪方の指導者である淀君、秀頼、そして事実上の司令官であった大野治長は、まったく孫子を読んでいなかったのである。

第三章

これぞ孫子の世界！
日本史上最大の諜報戦争

「間諜」とは国家安全保障の根幹

孫子の第十三章は「用間篇」である。

スパイというより秘密代理人と翻訳したほうが現代人には理解しやすいが、これこそが孫子の最重要部分である。そのことは吉田松陰も指摘している。

五つのスパイを同時に臨機応変に対処すること、代理人を通して勝利に向かうための指揮官の対応法を詳述し、敵情をいかに察知するかについて述べた箇所である。

孫子は「間諜」を次の五つに分類して見せた。改めて英語併記で列挙すると、

- 因間（Native）
- 内間（Inside）
- 反間（Doubled）
- 死間（Expendable）
- 生間（Living）

そしてこれらのスパイを如何に円滑克つ巧妙に使いこなすかが戦争の勝敗を決める。国家存亡にかかっているとした。

数千年前にすでに孫子が説いた情報戦争の精髄は、まず第一に「相手を知る」ことである。

徳川家康はウィリアム・アダムス（三浦按針《あんじん》）との会話を通じ、イギリス人の世界観に触れ、世の中にはさまざまな考え方があることを知り、自己の世界情勢認識における修正を行った。アダムスは技術革新の顧問格、貿易顧問などとして家康に重用された。

このアダムス、イギリスからまっすぐ日本を目指してやってきたのではない。彼が按針（パイロット）を務めたのはオランダ船リーフデ号だったが、台風のためにたまたま日本に漂着したのである。

リーフデ号は一五九八年、イスパニアの無敵艦隊が英国に大敗してからちょうど十年後の六月にオランダのロッテルダム港を出帆している。新しくオランダが進出した東インド会社に派遣されたものだった。

アダムスは一六〇〇（慶長五）年の四月二十九日、豊後の海岸に辿りつく。船は難破し、乗組員の大半は死んだ（映画『ショーグン』にもその様子が活写されていた）。歩行可能な者わずか六人、家康引見のために大坂城に回航された。時あたかも関ヶ原合戦の六カ月前だった。

ウィリアム・アダムスは「予は入城してはじめて大君に謁見した。大君は先ず予らの本国を尋ね、又各国相互の和親・戦乱等につき質問した。予は腹蔵なく返答した。やがて予は従僕と与《とも》に入牢した。しかし取り扱いは親切であった。その後二日、大君は再び予を呼び出し、かく隔たりたる遠国に渡航した理由を訊うた。予は直ちに、予らは何人とも友誼をもって交わり、何国にても互いに通商し、本国の産物を外国に輸出して、その地の産物と交易せんことを望むものであると答えた」と日記に記しており、家康とアダムスは最初から意気投合の体であった事が窺える。

後年、アダムスは日本橋に屋敷まで与えられ、その一帯を「按針町」と呼んだ。アダムスは英国ケント州生まれ、少年時代にライトムウス造船所に入った経歴を持つ。彼は船舶や貿易ばかりか、天文学、数学、幾何学を解し、世界の地誌を説くことができた。信頼されたことを知るとアダムスは、家康に交易の重要性と、その膨大な利益を説いた。

情報用語にいうエリント（電子機器偵察、スパイ教育など）に対するのが、人間を使うヒューミントだが、戦国時代のヒューミントは専門の忍者部隊のほかに主として行商人や学者、修行僧、旅人などに変装してこれを行った。

とくに重宝されたのは各地を自由に行き来し、指導層とつきあえる俳人、茶人だった。

現代の国際諜報合戦では米国がエリント優先、旧ソ連ＫＧＢの伝統を継ぐロシアの情報機関や中国国家安全部などはヒューミント中心型だ。

エージェントを主体とするこの床上《ゆかうえ》情報は、今日でいえばヒューミント戦略にあたるもので、家康の時代にそれは茶会や句会を通じて交わされた。とくに密室である茶室では、機密の話がしやすかった。

情報を交換するだけでなく相手を攪乱するための逆工作も今日、政治家のパーティや新聞記者への意図的なリークなどによって駆使されている。家康がこの類の情報工作で成功した典型を関ヶ原の合戦と大坂の陣に見ることができる。

北朝鮮のやり方と孫子の類似、非類似

徳川家康と豊臣秀吉の諜報戦争、これぞ我が国の歴史上、最も熾烈な情報謀略戦争だったが、その小牧・長久手《ながくて》の戦いを論じる前に、ちょっと脱線して北朝鮮のケースを先に見ておこう。

一九九四年、北の核開発をめぐって一触即発の危機があった。

これはJFK時代のアメリカが直面した「キューバ危機」に匹敵するものだったと、米国の交渉担当者、ペンタゴンの責任者らが回想している。

すなわち同年六月十日、中国から金日成《キムイルソン》を不快にさせるメッセージが届いた。

中国は国連安保理で北朝鮮に対する制裁決議には反対するが、国際世論から拒否権の行

使は見送るかもしれないというのだ。同じ日、ＩＡＥＡ理事会は北朝鮮に対する技術協力や年間五〇万ドルの援助を停止することを決定した。中国は票決に棄権した。ただちに北朝鮮はＩＡＥＡからの離脱を声明し、ニョンビョンに駐在する二人の査察官の国外追放を表明した。

（大島信三『異形国家をつくった男』、芙蓉書房出版）

この一触即発の危機に際して米国は三つの選択肢を抱えた。

「一つ目は交渉によって北朝鮮の核開発を凍結させること。二つ目は軍事行動に踏み切り、核施設を爆撃すること。三つ目は何もしないで経過観察をつづけることだ」った。

第二の選択はサージカル・ストライク（外科的空爆）と呼ばれ、ペリー国防長官（当時）はペンタゴン内部で真剣に検討していた。クリントンは迷いに迷っていた。まさに彼が尊敬するＪＦＫのキューバ危機に匹敵する出来事でペリー国防長官の助言に従うしかなかった。

六月十六日、ホワイトハウスでは「戦争会議」が開催された。

韓国のキム・ヨンサム（金泳三）大統領はアメリカ側の強硬な姿勢に青ざめた。ニョンビョンへの空爆が強行された瞬間、報復のために北朝鮮のミサイルは発射され、ソウルが火の海になるのは目に見えていたからだ。キム・ヨンサムは軍事行動に踏み切らな

いようクリントンを必死で説得した。（同前）

そして金日成はこの土壇場を左右するカードを密かに握っていた。

北朝鮮はハト派のカーター元大統領に接触していたのだ。まさにカーターこそが「影響力のある代理人」である。

「工作に長《た》けた北朝鮮はあらゆる機会をとらえてカーターへ接近を試み、ついに訪朝させるのに成功していた。主席にとってカーターは米朝をつなぐ頼りがいのあるホットラインであった」。

ホワイトハウスでは五万人規模の在韓米軍への追加派兵がペリー国防長官によって大統領に進言されるところだった。直前に一本の電話がなった。

電話口でカーター元大統領が叫んだ。

「キム・イルソンが核開発の凍結と査察官の残留に同意した」と言った。

土壇場で戦争は回避された。つまり金日成は役者が一枚上だった。そのうえ、ヨットにカーターを招いて、金日成は金泳三《キムヨンサム》を招待しての南北トップ会談を提案、カーターに伝言を頼むという挙に出た。

後に金正日《キムジョンイル》が金大中《キムデジュン》を招き、金大中だけがノーベル平和賞を獲得することになるが、演出にかけては北朝鮮はチキンゲームのやり方を知っていた。しかしその直後に「キム・イルソンが急死し、世界に衝撃が走った」（以上は大島前掲書）。

金日成以後、独裁は三代目となり、独特な髪型をした肥満児がトップの座についた。

近藤大介『金正恩の正体』（平凡社新書）によれば、この交代によって中国と北朝鮮との「血盟関係」は見事に破綻したという。

習近平は金正恩を「悪ガキの遊び」と酷評し、「中国が望んでいるのは『地域の安定』であり、『金独裁王朝の安定ではない』」とケリー国務長官との会談で述べたという。これは二〇一三年四月のことで、二カ月後に習近平は訪米を控えていた。習は訪米した時にもオバマ大統領に同じ内容の北朝鮮観を述べた。

これらはいずれも日本には知らされていない事実である。

北朝鮮において中国とのパイプ役だった張成沢《チャンソンテク》粛正までの権力中枢の暗闘を、軍との対立を軸におきながらも中国との経済開発協力、工業特区にまつわる利権、そして金一族の中国工商銀行の隠し口座の切り崩しを巡るやりとりから発覚した事実は張成沢が中国に隠れ住む金正男《キムジョンナム》へ送金していた事実だった。

「預金をすぐに下ろして持ってこい」と金正恩が命じたが、張成沢は驚き「すぐにはおろせません。利息の良い『理財商品』に投資しているので、すこし時間がかかるのです」と答えた。

すると金正恩は「利息は要らない。マイナスになっても構わないからすぐにもってこい」と怒鳴り、張成沢の周りを調べると、北京の高級住宅街で、暗殺の刺客を恐れる金正男はロシア大使館へすぐに逃げ込める距離の豪邸に暮らしていることまでが発覚したそうな。

まさに平常の権力中枢の闇、そこに渦巻いているのは陰謀、背徳、策謀、反乱、暗殺計画、密告など、平穏な日本の永田町の風景からは想像ができない血の臭いのする深奥なのだ。

諜報戦争の色彩が濃い小牧・長久手の戦い

では日本史における諜報戦争の象徴的事例として秀吉と家康が主として諜報戦を展開した「小牧・長久手の戦い」をつぶさに検証してみよう。

筆者は大河ドラマがこの場面となるとどう描くか、あるいは多くの作家たちがこの戦役をいかように描くか興味があるのだが、「軍師・官兵衛」はまったく軽視、日経に連載された火坂雅志の『天下《てんが》　家康伝』も、当該戦争のことは連載一回分で終わるといった具合で、ちっとも重視されていない。

歴史家から「小牧・長久手の戦い」と呼ばれる戦いは徳川家康と羽柴秀吉による未曾有の対決、持久戦にもつれ込んだ。その経過を振り返ることで、両雄が諜報謀略をいかに駆使したかが浮かび上がるのである。

天正十年六月、秀吉が師と仰いだ織田信長は明智光秀の謀反に倒れ、「権力の空白」が不意に訪れた。

この「本能寺の変」によって織田信長の天下統一は淡い夢と消えた。誰もが茫然自失の体だった。

例外的な強運の持ち主が羽柴秀吉だった。信長横死の情報を得るやいなや、秀吉は備中高松城の水攻めを電光石火に毛利勢と手打ちを行って中止し、城主の切腹を見届けると、所謂《いわゆる》「中国大返し」をはかった。毛利を情報戦で騙したのだ。

天下分け目となった山崎の合戦で秀吉は明智光秀をこともなく倒し、翌年には信長家臣団の主導権争いのなかで強敵・柴田勝家を賤《しず》ヶ《が》岳《たけ》に葬った。柴田権六勝家は武士の誉れ高く、衆望も厚い武将だったから、よもや成り上がりの秀吉如きに敗れるなどと予想できた者は少なかった。この柴田の敗因は、途中で敵深くに兵を入れた佐久間盛政の軽挙妄動にあるとはいえ、この「中入れ」の失敗で、それを見ていた前田利家はさっと兵を引いた。「中入れ」はよほどの強運に恵まれないと失敗必定となる危険な軍策である。

天下の行方は織田家の跡目を継ごうとする秀吉の輝くばかりの勢いに収斂されつつあった。

――こんなことがあってよいのか。

何人もの武将がそう言って首を傾げた。

わけても腹の虫がおさまらないのは信長の遺児たち。清洲会議で秀吉が長男・信忠の遺児・三法師をたてるという奇策に出たため、信長政権の後継を巡る争いを始めた次男・信雄、三男・信孝らは鬱勃《うつぼつ》としている(この場面をコミカルな映画にしたのは三谷幸喜の『清須会議』)。

そこで織田信雄に頼られた家康が、この風雲を千載一遇の宿運として、数万を率いて三河から駆けつけ、清洲城の前方に強靱な陣を敷いたのだった。一気に秀吉政権を滅ぼせる、と家康は踏んだ。

なにしろ秀吉軍は大方が戦功目当て、利害関係だけで各武将が「秀吉丸」に呉越同舟しており、内部結束はきわめて弱い。

しかし謀事がメシより好きな信長のもとにあった秀吉もまた調略《ちょうりゃく》に慮外《りょがい》な才智を発揮してきた。家康が侮れなかったのは秀吉の謀略である。謀略には謀略をもって、つまり毒を制するには毒を、である。

調略に抜きん出た分、秀吉軍団が武辺に劣るのも無理はないだろう。家康や信長と違って父祖代々の家臣団を持たない秀吉には、カネで忠誠をかき集めるしかない。部下たちの士気を鼓舞しようと中国大返しの時も姫路城に貯蔵してきた金のありったけをばらまいた。

生野銀山など金銀鉱山と聞けば独占に走った秀吉の心中を推し量れば、金銀は何にも勝る頼もしい縁《よすが》だった。まさに孫子の説いたように理想の低い人間はカネに転ぶのだ。

加えて秀吉には抜き差しならない内部事情があった。後背地に毛利、四国の長曽我部《ちょうそかべ》に加え、紀州には雑賀《さいが》、根来衆《ねごろ》という大敵を抱え、奥州には伊達、南部藩が隙を狙っている。九州の果てには豪勇・島津氏がいる。たとえ秀吉が十二万人の軍勢と吠えようとも、三河武士に立ち向かう戦意に溢れるものは秀臣麾下《きか》のなかでごく少数に過ぎない。

家康は秀吉の家来衆をひ弱な性格だと捉えた。

これまでの情報を分析しても、戦力として彼らは大した力は発揮すまい。団結する求心力が金銭だけなら、所詮は烏合の衆でしかあるまいと家康はにらんだ。

たとえば丹羽長秀がそのよい例ではないのか。かつて柴田勝家と並んで「織田家中にその人あり」といわれた長秀は、数々の戦闘で輝かしい軍功をたて、敵に畏怖された。かつては信長麾下にあって多くの部下を鍛えたこの名将さえ、新興の秀吉の前に霞んだ。

丹羽長秀とならんで、若くして名将と謳われる蒲生氏郷も秀吉の陣にあった。しかし秀吉と親しいはずの蒲生氏郷さえ「徳川と対決するなど、猿めは死にどころなくてものに狂うたか」と冷ややかだった。

近江衆は斬ったはったの武辺よりも算盤、商いにたくましい知恵を発揮する。日本商人の源流は近江にあり、大阪商人はその後のことになる。信長から秀吉が最初に築城を許された長浜はそうした商人があつまる街だった。蒲生も石田三成も、その近江を出自とする。

徳川の帷幄《いあく》ではおそらく次のような謀議が進行しただろう。以下小説風に書くと次のようになる。

家康の右腕、石川数正が提案した。

それは秀吉陣営にある闘将・池田恒興《つねおき》と森長可《ながよし》を逆に調略してしまうのである。

歴戦の勇士である池田恒興と森長可をして「転ばせる」と石川数正は耳打ちした。

家康は「この期に及んで、そのようなことが可能とか？　わしらが目前に秀吉十二万の大軍がすでに陣取っておるというに…」

顔を近づけるようにして、家康が目で聞いてきた。

秀吉が信頼する池田と森長可は信長麾下の輝ける星だった。それほど容易に出来星の秀吉に与《くみ》したわけではなかろう。事実、森長可に対して秀吉は「遠州と駿河」を与えると将来の領国を約した。それは家康の領土、つまり手柄を立てたら徳川家の領分をそのまま支配する太守が約束された。暴れん坊として名を馳せる森長可は信長の寵児だった森蘭丸の長兄でもあり、この頃は美濃金山城を治めていた。

信長と乳兄弟だった池田恒興はもっと驕慢だった。恒興にしてみれば出自からみても格から見ても、自分のほうが秀吉ごときよりは上と、つい過去の経緯も苦々しく浮かんで驕慢さが態度にのぞく。ときに露骨にそれが顔に出る。

――当面はあの猿に天下をくれてやるにしても、そのあとはわしのもの……

それが池田恒興の本心である。

そうした秀吉の陣営内の動き、各将の腹の中は犬山から大垣にかけて大量に放った家康の間者から折々報告されていた。

孫子の兵法そのままの実践である。

「敵は怖るるに足らず。この矛盾をうまく突けば、秀吉軍は四分五裂しましょうぞ」

というのが石川数正の口癖だった。闘わずして勝つ最良の方法は敵を内訌《ないこう》させよ、と孫子の兵法も言っているではないか。

だから池田恒興の燃えたぎる野心を逆に利用しようという企みなのだ。敵をかき乱すことも兵法の第一歩である。

家康も初陣合戦以来、大高城《おおだかじょう》兵糧入れ、浅井氏殲滅作戦で果敢に戦った経験があり、戦闘集団を後方でささえる兵站のこともわきまえている。家康はすでに小牧に近い所領の岩崎城下では道路の拡張を急がせ、軍用道路を農閑期に百姓を動員して拡張整備していた。

一方、家康がたてた名目上の大将は信長の次男、織田信雄《のぶかつ》である。

彼は愚鈍で軍用道路拡張の発想さえなく、治めた領地の旧街道はといえば、草ぼうぼうのぬかるみが多い。

家康はすでに信雄と同盟を結ぶ前から忍者集団を派遣して秀吉の後方攪乱作戦を命じてあった。柴田勝家を倒し、いよいよ天下様に近づいた秀吉は華麗な拵えの大坂城の突貫工事に酔っていた。秀吉には金と利害で十八万人もの兵力が蝟集《いしゅう》しているが、蜜に群がる蟻同然で統制が取れていない。かつて信長を裏切った三好入道も松永弾正《だんじょう》も荒木村重も、上方に蟠踞《ばんきょ》した猛者だったように同類の侍たちが秀吉のもとに打算で加わっているからだ。

しかしながらその利にさとい上方の周辺にも、利よりも義、金よりも報徳という集団があった。一向宗の石山本願寺と紀伊の雑賀衆《さいがしゅう》だ。さらには中国伝来の武術と鉄砲を蓄える根来衆《ねごろしゅう》もいた。徳川方は早くからこの勢力に注目してきた。

石川数正が一向宗の信徒であることを三河では表向き出してはいないが、三河全土はほぼ一向宗で埋めつくされていた。その一向宗の地下人脈が全国に拡がっており、石山本願寺に心を寄せてきた信徒たちは雑賀に、根来に、加賀にと全国に散ったが、依然としてキリシタン・バテレンを庇護し、天台宗の比叡を焼き払った信長を怨んでいた。長島一揆を皆殺しにし、石山本願寺に十年戦争を仕掛けて、ついに一向門徒を大坂から退去させ、数万の一向の信徒たちが信長の犠牲となった。信長は法敵であり、その政権を継いだ秀吉を許すはずがない。だから家康は後方の攪乱を仕掛けた。

背後の攪乱に一向宗門徒も活用

秀吉も家康も、キリシタンとは距離を置いた。

その教義は日本の仏教とある面では似ていたが、古くから存在する日本の伝統の根とは異なるものだった。秀吉は南蛮から伝わった利器や、とりわけ葡萄酒などを愛《め》ではしたが、晩年はキリスト教の布教に疑いをもった。キリスト教が完全に禁止されるのは家康の死後のことで、この戦役に前後する時間的空間の中では、キリスト教は依然として上方で爆発的に人気を博していた。教義に触れたわけでもなく、その教えを深く理解したうえでの信仰でもなかった。はしかのような流行現象だった。

もっとも信長もバテレンを信じていたわけではない。彼の最大のねらいはキリシタンが上洛の都度、運んでくる硝石や鉛で、要するに鉄砲、弾薬の原料の入手だった。新しい南蛮の技術に信長は強い関心を寄せた。長浜に近い国友《くにとも》村に鉄砲工場を稼働させ、大量生産ができる時代に入っていた。その国友と堺が秀吉に先に押さえ込まれてしまった以上、家康としては堺の後方を派手に攪乱しておく必要があった。

雑賀衆は鈴木孫市（孫一ともいう）を首領に五千人からなる剽悍《ひょうかん》な鉄砲集団で、ときには傭兵として戦地を飛び回る。姉川の合戦のあたりまでは信長に味方したこともあった。しかし比叡山を焼き、石山本願寺を攻め立てるようになってから、雑賀衆は公然と信長に反逆した。雑賀は一向宗の熱狂的な信徒である。

雑賀衆も徳川家康と合力《ごうりき》し、再び立ち上がる決意を固めた。

まして徳川家康はその若き領主時代に三河で、一向一揆にさんざん悩まされ、ついには一向宗と宥和した経緯があり、一揆衆からそれほど恨まれてはいなかった。家康自身は浄土宗を信仰しているが、石川数正が一向宗の信者のため領内で三河武士団は宗教弾圧や一揆の殲滅という考え方を採らなかった。結果的にそのことが家康を救った。果敢にも彼らが秀吉の背後から呼応してくれたのだ。

石川数正自身も行商人や僧に装束を改めて、雑賀や根来の地を踏んだ。命懸けの説得をするためである。

たとえば根来への家康の文は、

こんど、羽柴恣《ほしいまま》の砌《みぎり》について、成敗を加るべきため、西国、北国接合し、てだてにおよび候間、本意掌《たなごころ》に候。然ラバ一日も急ぎ其の方案内者候て、早々泉河表に至る出勢候ように、調談あるべく候。次に身上の儀、連々、佐久間甚九郎演説の通り、聞き届け候。……

手紙に出てくる甚九郎ら貫禄があって世事に長けた坊主を雇い入れ、堺に大きな屋敷を構えさせ、ここに諸国流浪の学僧、浪人、武芸者、行商人、猿まわし、白拍子《しらびょうし》、鉢叩きなどの旅芸人、自称兵法者などを片っ端から食客《しょっかく》として逗留させ、情報収集能力を確かめてから各地に間者として散らした。

大垣はまことに交通の要衝で、岐阜から関ヶ原をまたぐときには必ず通過しなければならない。一年前の賤ヶ岳《しずがたけ》の役でも秀吉はこの大垣から木の本への一三里（約五二キロ）を駈けた。飛騨、美濃から尾張へ出るときも岐阜から清洲へ入るが、大垣で宿泊する。まさに石川数正が予知したように、小牧・長久手の戦いで秀吉は大垣を後衛の陣とした。

兵站の技量は「必要なとき、必要なものを、必要なだけ」、それこそ武器冑類から弾薬、その修理班、加えて兵糧の調達を遅滞なく行うところにある。要所要所への備蓄がそのすべてであり、各地の豪農、庄屋、商家の倉庫に秘密裡に頼んで備蓄する。

このような周到にして慎重な発想も信長の時代までなかった。家康も秀吉も信長の独創に学んだのだ。この戦略備蓄ともいうべき倉庫の存在は、高級幹部と情報将校にだけ知らされる軍の機密である。

根来衆は紀伊の根来寺を居城に荒くれ僧や鉄砲衆およそ三千人。雑賀衆は和歌浦《わかのうら》一帯の一向宗門徒の鉄砲衆で鈴木孫市が率いる五千。ともに堺が近いことから種子島銃の扱いがうまく、忍者部隊としても使える。

「秀吉と対決のみぎり、われらお味方つかまつる」との約束を得たのは、秀吉が上方を発って岐阜へと軍を進めていたときである。一向宗はこんにちのイスラム原理主義が国境を越えて横の連帯の絆を持つように、宗旨のためには多くを語らずして死の連帯意識を生む。石川数正は手間隙《てまひま》かけて、ようやく雑賀衆の鉄砲集団を巧みに丸め込んだ。

徳川とて背後を秀吉に突かれる憂いがあった。

そのために入念に国境の備えをしてきている。家康の背後を脅かすのは武田、今川ではなく、今や後北条と上杉である。駿河の三枚橋城に松平康重を、長久保城に牧野康成を、興国寺城には松平清宗を、田中城には高力清長を置いてきた。

先年、武田勝頼亡きあとの兵糧入れによって領土とした甲斐の府中城には平岩親吉《ちかよし》を、谷村城には鳥居元忠を置いてきた。問題は越後の上杉だった。信玄と川中島で宿命の対決をくり返した上杉勢は戦さ上手で知られる。信濃攻略は思いの外てこずり、まだ家康の経営が軌道に乗ったとはいえなかった。このため小諸《こもろ》城に松平康国を、上田城に真田昌幸（真田はこの時代、家康麾下である）を高島城に諏訪頼忠を、松本深志《ふかし》城には小笠原貞慶を置いてきている。

さて秀吉側にいる猛将、池田勝入斎恒興は犬山の高台から味方の陣立てを俯瞰した。

秀吉本陣を中心に左翼に第一陣が森長可、第二陣は息子の池田元助、第三陣が恒興自身である。以下第四陣は長浜衆と高山右近、第五陣中川藤兵衛、第六陣が羽柴秀次。

右翼第一陣は稲葉通朝、第二陣は長谷川秀一と堀秀政、第三陣は甲斐衆と蒲生氏郷、第四陣が日根野備中、長岡（細川）忠興。第五陣蜂屋兵庫頭、丹羽長重、金森長近となっている。左右両翼とも殺気を漲らせているのは第三陣まで。第五陣ともなると多くは雑兵や百姓兵の兵具貸しと見受けられた。丹羽長秀はすでに陣を離れ、坂本城に帰っている。

後方の兵力は槍の稽古さえしたことがない大男や、肥満漢がただうろうろしているだけで全体として秀吉方の戦闘力はあまりに脆弱であるように池田恒興には見受けられた。恒興は金森や丹羽、中川、高山らの陣営がまったくやる気がないのを見て、改めて愕然とした。

秀吉方の軍事能力に猜疑心をもっている池田恒興は考える。

〈そもそも秀吉自身の武勇を聞いたことがない。墨俣《すのまた》一夜城だの稲葉山城の奇襲だの、三木城の干殺《ひごろ》し、高松城の水攻め、要は奇策ばかりでちっとも正面から堂々と戦ってはおらん〉

だが眼下に展開中の大規模な土木工事の建設能力、資材の運搬や労働者の配置、交替の日程、食糧などの後方支援、その兵站を何の苦もなくやり抜いている秀吉軍の統率ぶりには目を見張るものがある。有能な官吏の石田三成や小西行長がこれを陰で支えているのである。

秀吉の最も得意とする土木工事は家康方とまるで様子が違った。かつて秀吉は三木城と鳥取城の干殺し、備中高松城の水攻めなど付近の百姓に法外なカネをやって土嚢を積ませたり、相場より高く備蓄米を買い上げるなどの奇策を弄した。鳥取城下の備蓄米の買い上げでは、その噂を聞いた城の食料番が夜中にコメ売りに出てくるというおまけまで出る始末だった。

それもこれも秀吉に集まる武士団が初期の蜂須賀小六に代表される川並衆《かわなみしゅう》を除くと、みんな戦闘力が脆弱だったからだ。

戦闘に弱い分を補うには、奇略とカネにものいわせるしかない。まさに孫子がいう通り勢《いきお》いを利用するのである。

子飼いの加藤清正、福島正則、石田三成が育っているとはいえ、彼らもまだまだ城持ち大名になる日は遠い。秀吉は歴戦のつわもの柴田勝家を武力というより偶然が重なった末の奇略で倒したが、家康に同じことが通用するとは思ってもいなかった。

姉川の合戦、越前攻め、小谷城攻め、三方原《みかたがはら》、長篠の戦い等々、家康の野戦における采配ぶりを秀吉はわが目で確かめている。その鬼神を哭《な》かしめるほどの凄まじい武闘力を。

「徳川殿は昔から別格だったぎゃ。あんな強い家臣団に正面から戦を仕掛けるは無謀というものだぎゃ。これまでのわしの奇略とて、みんな読まれていると思うべし」

大軍を装っているものの、丹羽長秀軍は今や飾りの出陣でしかなく、前田利家は佐々成政《さっさなりまさ》と上杉のおさえで加賀から出られない。前田利家は年少の頃から親交を結んだが、信長の勘気に触れて数年の流浪を送らなければ、秀吉と立場が逆で、当然前田利家こそ天下に覇を唱えていだろうにと秀吉は畏怖している。

「だがの、利家に欠けるのは大局的な考え方だで。あの男は武力と兵法にかけちゃ織田家臣団筆頭の武辺じゃが、あんまり大きな望みをだいちょらんで、わしは安心なのよ」

秀吉とて自軍の戦闘力の冷静な観察は怠っていない。野戦に絶対勝つという自信が、秀吉にはなかった。半分は冑着《よろいぎ》、員数合わせに借りた兵で、膠着状態が長引けば、いずれ資金が底をつき、歯が抜けるように雲散霧消してしまうだろう、と秀吉自身も冷厳、冷静に現在の戦局を計算できた。

野戦と謀略を組み合わせる

家康は何としてでも得意の野戦に持ち込みたい構えで、長期籠城戦など始めから考えていない。

小牧の台地に着陣してすぐに視察し、一週間も手を入れて突貫工事をすれば強固な城砦になろう、と家康は判断した。小牧のほか蟹清水、北外山、宇津田、小幡、比良の五カ所に城塁を築き、兵力を分散させ、配置につけてきた。小牧の台地から敵陣の横に広く伸びた兵力の展開を家康は一瞥した。

その陣形をみて、秀吉は長期戦の構えと判断した。秀吉が土木工事を得意とするなら、家康はもう少し細かな芸当ができる。吝嗇《りんしょく》であるだけに人材に限らず資源の利用法は徹底していた。

小牧山は楠や白樫、榊、もくれん科のオガタマノキ、ハゼの木などが叢生《そうせい》している。即席の陣屋の床板や家具などを作るのに、小牧山にはタブノキ（楠の一種）が豊富だった。ハゼは蝋にもなったし、真弓の木は弓になる。リョウブは木炭になるといった具合で、これらは西林寺、王林寺、西源寺などに分散して備蓄した。孫子は言った。兵站は適地で調達せよ、と。

他方、家康はこの間に間者をつかって池田恒興にひそかに接近し、密約を告げている。

持久戦が続いたが四月一日になって、池田恒興はひそかに秀吉の本陣を訪れた。寝所で眠っていた秀吉を起こした。

いまだ恒興を呼び捨てにできないのが秀吉の辛いところである。『改正三河後風土記』によれば、この日、池田勝入斎は秀吉に次のような口上を述べた。

「われ案ずるに三河の諸軍、過半は小牧山に集ひし。さては本国三河は空虚なるべし。いざやこの虚を窺ひ、軍兵を潜めて、三州に乱入し、国中を焼き討ちせば小牧山に屯したる将卒ともに仰天し、忽《たちまち》に敗北せん事、たなごころを指すがごとし」

要するに、池田と森の部隊はひそかに犬山から入鹿池の北を迂回し、弥勒山（四三七メートル）の西麓を通り抜け、西尾、玉野を南下し、岩作から東郷へ、さらに歩を進めて家康の本拠、三河岡崎をつくという「大遠征」計画である。犬山から岡崎へは直線二十二里である。現在の東名高速道路になぞると小牧東インターチェンジから春日井、名古屋、東名三好、岡崎という経路である。

話を聞き終わるや、秀吉は、「一気に空の岡崎を叩く？　距離にしてもかなりのものよ。一三里からそれ以上はあるで。わしはその昔、このあたりの野山や河をよう走ったり泳いだりした。徳川どのに露見しないで、岡崎まで大部隊が移動できるとはとても思えんがの」

「このこと入れられずば、恒興にも考えがござるで」と詰め寄れば、けっきょく秀吉も乗らざるを得まい。そのことをあらかじめ予想しての提案だから、内応を示唆するようなものである。

さすがに諜報に明るい秀吉だった。

「『中入れ』はならん。そんなことすりゃ家康の思うつぼにはまってしまうだぎゃ」

しかし秀吉はそうした軍事上の作戦のいかんを問題にしているのではなかった。ずばり池田、森部隊の寝返りを怖れたのである。池田の生母養徳院に対して秀吉は「大御乳さま」とまで尊称し、胡麻をすって秀吉につくよう母さえ駒として稼働させ、信長の乳兄弟である池田を味方にした。

「美濃、尾張、三河を与えるという処遇を疑うたのか」

と秀吉は思った。徳川がそれ以上の空手形を出すとしたら、いったい何なのか？

（ひょっとして大溝城に引っ込んだ丹羽長秀と池田が組んだ？　さすれば秀吉本隊も挟撃される恐れがあるが、そこまであの単細胞の池田と病弱の五郎左（長秀）が思いつくわけはあるまいて…。）

秀吉の頭脳は瞬時にして幾通りもの筋書きを描き、一つ一つを解析し、評価してゆく能力がある。頭の回転がずば抜けて速い。

（こりゃ、あの池田の単細胞が独りで考えたんかい？）

もっともこれは秀吉をたぶらかすために家康が故意に防衛力をもろく見せているのかも知れない。

秀吉は岡崎まで行くことを認めないという条件で諾《だく》に傾きかけていた。もう一つの策は、軍監として三好秀次（羽柴秀次、のちの関白）をつけ、仮に戦捷《せんしょう》となった場合に秀次の軍功にしてやりたかった。

秀吉ははたと思いついた。むしろ中入りを池田、森隊だけでなく大軍勢で繰り出して、三日目くらいに家康が慌てて駆けつけるときを狙っているのではないか。

――「中入れ」が成功するかどうかは、いつ敵が知るかが最大の分岐点になる。

家康のような戦に長けた武将なら、素早く対応してくるに違いないのだ。それを後詰めの大軍で迎え撃ち、小幡城で挟み撃ちにしてしまってはどうか。

ここまで考えた秀吉は、土壇場になって変節した。条件として堀秀政を三番隊長として選び、強悍な鉄砲撃ちばかりを堀隊に五百人つけることにしたのだ。これは前衛の池田、森部隊が万一裏切った場合、後ろから銃撃するためである。

同時に秀吉は突貫工事を命じた。墨俣一夜城以来、秀吉の土木建築業者的な発想は冴えている。四月四日夜から岩崎山と二重堀の間の半里の距離に高さ二間三尺（四・五メートル）という高い塁を築き上げた。四月五日にはやや後方の楽田に本陣を移しかえ、小牧との距離をひらいた。防御塁を高くして互いの動静がつかめないままの持久戦に突入しようとしていた。

いつでも出撃できるよう、馬、陣立ての幕などに携行食糧、弓矢武具の手入れ、銃器の効率的な保管など細心の指示を与えている。

対陣の家康は秀吉軍が目の前で砦の塁を高くして突貫工事を強化し、なかの隠蔽工作を始めたからには、兼日《けんじつ》打合せの通りに間道を抜けて大軍が三河へ乱入するという罠に乗ったという風に理解した。兼日とは「かねて打ち合わせた通りに」という意味である。

かくして、

●第一隊　池田父子　六千

●第二隊　森長可　　三千
●第三隊　堀秀政　　三千
●第四隊　羽柴（三好）秀次　八千

という中入れ部隊の隊列が決められた。総計二万人の大部隊である。賽は投げられた。

先頭の池田・森隊は行進速度を意図的に遅らせたため四月七日は篠木、柏井で野営し、ほとんど一日を無駄にした。

夜陰に紛れて行軍を開始したのも、池田恒興にとっては計算ずくの行為だった。家康方に十分な準備の時間を与えるためである。昼間は木陰に休むか、ゆっくりと昼飯を食べて午睡《ごすい》を貪りながらの遠足気分の行軍は、次第に軍としての士気を弛緩させてゆく。つまり池田は家康に内応していたと考えられる。

まだ隠密行動はバレていないと秀吉勢の大半が信じ込んでいるから、昼間は動かないという方針も全軍に知れ渡っている。

四月八日の夜半も、大軍は前夜のように再びのろのろと行進を始めた。この間、池田隊に潜入している服部忍者隊は、朝と夕の食事時の混雑を利用して小幡城への伝令を放った。日頃鍛え上げた草たちは、付近から動員された百姓兵に見事に身をやつし、秀吉諸隊の行進路、その速度、装備、士気などの詳細な情報を送り続けた。

決戦はあっけなかった。池田、森の部隊は先頭で分断され、徳川軍に挟み撃ちされて、ほぼ壊滅した。三番隊の堀も後方から現れた部隊に大打撃を受けたが、じつは真っ先に血祭りに上がったのは後詰めの秀次の部隊である。不意の襲撃に兵は四散し、秀次はほうほうの体で逃げ帰った。

死間の巧妙なる投入

秀吉は三河侵入部隊の壊滅をこの日の昼近くまで知らなかった。

間諜の手抜かりというより、殿軍の秀次の配慮のなさ、要するに戦闘とはいかなるものであるかを、この秀吉の甥が知らなかっただけのことである。いや理解できる能力がなかった。秀次は愛馬も刀もどこへか失せるほどの狼狽ぶりで、ほうほうの体で楽田に逃げ帰ってきた。呆れるほどの大敗、最大の作戦誤断だったことを知って秀吉はひざの震えを止めようもないほど愕然とした。

「たばかったつもりが、二枚も三枚も家康が上手じゃった。三河の田舎ざむらいがよもや調略だの、謀《はかりごと》だのと、わしの専門領域にこれほどの仕掛けを用いて入り込んでおるとはの。家康はわしをたばかりおっただぎゃ」

徳川、信雄連合軍の士気は大いに鼓舞され、戦捷の酒が供され、秀吉軍に罵声を浴びせた。家康に連れ添ってきただけの織田信雄は自分が勝ったように錯覚し、上機嫌である。そして美酒に酔った。

復讐戦を挑む秀吉は小幡城を取り囲む策略に全力を傾けようとしていた。

夕刻の闇が近づき、小幡城への夜襲は危険極まりない情勢となった。

「古来より夜の城攻めを兵法はきつく戒めております」と蒲生氏郷が進言した。いわれるまでもなく、秀吉軍は竜泉寺で野営に移った。夥しい篝火《かがりび》を焚かせ、夜食をとらせた。翌朝を期して小幡城に総攻撃をかけると決めた。

同夜半に小幡城がすでにも抜けの空となっていることを知らされ、秀吉は激怒した。だがこの秀吉の憤怒は演技であり、すでにこの男は算盤によって次の方程式を作り上げていた。

「池田父子と森長可が討ち死に。この被害の甚大さは緒戦において信雄の所領の大半を奪ったことよりも手痛いことだぎゃ」

翌日、家康は本願寺門主の光佐（顕如）に飛脚を送り、大勝を知らせたあと「大坂の儀、先規の如く、進めおかるべく候。殊に加賀の儀は、信長御判形の如く、これまた相違あるべからず候」と言っている。

つまり本願寺を大坂石山に復帰させるという密約に変わりなく、それぱかりか加賀さえも昔のように一向宗の支配にまかせようと大盤振舞で味方に引き入れようとしたのだった。

それから二十日間、両軍のにらみ合いは続いた。この間、家康は鉄壁の守りを続けた。しかも秀吉のおびき出しに少しも乗らない。五月一日、秀吉は何かひらめきを得たかのように突如、犬山、楽田の陣を引き払い、六万人の軍勢を撤退させた。

そしてしばらく後に、秀吉はさっと織田信雄と単独和議を結び、家康をハシゴからはずした。家康は恬淡《てんたん》とし、再び秀吉のもとへ石川数正を派遣した。石川の述べる戦勝祝いに対して秀吉は異常なほどの喜びをもって迎えたばかりか、名刃の不動国行を贈った。

「ときに数正、徳川どのとこうして和解がなった以上、ぬしはわしのもとに来んか」

と秀吉はギクリとするような台詞を数正に投げた。

確かに当座の和解はできたが、まだ秀吉・家康の連立という話には早すぎる。秀吉はさらに家康を畏怖し、畏敬していた証として、後日、位冠を従三位参議につけ、秀吉より上位とした。鷹狩りが趣味と聞いて日向から巣鷹を数羽取り寄せ、わざわざ浜松まで答礼の使いを立てた。ともかく秀吉はそれほど徳川方に気を使ったのである。家康はもうその頃には岡崎から東へ帰り、浜松にあって東国の経営を臨んでいた。

中国では徳川家康の全訳が売れています

秀吉のほうから徳川へ講和条件をいろいろと打診してきた。

最初の講和条件は次男於義丸を人質として送ることだった。秀吉は養子と解釈し、名を秀康と改める。のちの結城秀康である。このほかの人質は石川数正の子・勝千代、本多重次の子・仙千代が大坂に差し出された。

十二月十二日、人質たちの行列は岡崎を離れた。家康は岡崎まで出向いて送った。

翌日に信雄がふらりと岡崎に現れ、十一日間も滞在した。秀吉から何か言い含められ逆監視に来たのだ。しかし家康は鄭重にもてなして単独講和については一言も愚痴をこぼさなかった。

家康は講和こそしたものの、次男の於義丸を秀吉の養子にさしだしただけで、上洛する気配を見せなかった。しびれを切らしたのは秀吉が先だった。

とうとう秀吉は佐治という侍と再婚していた異父妹の旭姫を呼び戻して無理やり離婚させ、ついに家康に嫁がせるのだが、それは後のことである。

それでさえ、なおも家康は上洛しなかった。この三河武士のかたくななまでの意地は全国の武士たちに共感を運んだ。

秀吉は弓矢を取って再び戦うこともできたが四国、中国、九州大戦を控えてむしろ尾張以東の背後を安堵しておきたかった。そこで秀吉は大政所様と呼ばれていた母親を岡崎に送った。旭姫の見舞いは名目で、つまりは母と妹の二人を人質に差し出して、代わりに家康は上洛せよ、ということなのだった。

石川数正は家康の右腕として活躍した高官である。

もし数正が「死間」として秀吉側に意図を隠して寝返れば、秀吉方では最高の遇され方になる一方で、周囲から隔絶し、極端な警戒網が敷かれる。そうした扱いを数正は受けるだろう。人たらしの秀吉の手にかかって、逆に洗脳されていることだってありうる。それが最もありがたくないことだ。そうした凶々しき予測がつかないはずはないのに、石川数正は妙に自信ありげであった。

数正はそのやり方をいろいろに思案していた。

〈まず徳川の小さな機密の二、三をもって手土産とし、秀吉を信用させる。それから次々と偽情報を与え続け、相手の警戒が緩むのを待つ。油断を見たら、そのときこそ秀吉の勢力を一気に鏖殺《おうさつ》してしまう〉

数正の秀吉への土産は、鶴翼《かくよく》の陣や長槍の攻撃法などの徳川の軍法である。だからこそこの間に徳川の軍法をより効率のよい武田軍法に変換してしまえ、と数正はしきりにすすめたのであった。孫子の説く「死間」である。

しかし家康の外交的敗北は明らかだった。長久手の戦闘で大勝利をおさめ、秀吉を事実上の敗退に追い込んだことも、今や水泡に帰すことになる。信雄が崩れ、秀吉と単独講和を結んだあととなっては順当な手立てでは打開策にならない。家康だけが再び軍事的に秀吉に立ち向かうのはいかにも無謀に見えた。

「秀吉のたくらみを粉砕するには、敵の懐に飛びこんでこそ、と考えまする」

そのために数正自身が秀吉方に偽装亡命し、五年、十年がかりの長期戦略をもちいてでも、天下取りを成就しようというのである。

数正が偽装亡命を行い、併行して酒井忠次は上方に内応する不埒ものとして数正を糾弾する先鋒をつとめる。しかも同調者の一切を三河から排除するという手荒なやり方で。それも秀吉方の耳にできるだけ聞こえるように、あからさまな方法を採るのがよいだろう。

つまり酒井忠次は石川数正の憎まれ役をつとめ、悪しざまにいいながらそのことによって広く徳川陣営の隅々にまで、石川数正の亡命は本物であると信じ込ませるのである。そのためにも井伊、榊原、大久保、内藤、本多らの幹部が浜松城のたまりで石川数正の出奔についてあれこれ詮索し、批判しているような場面でも、忠次はあえて反論しないようにつとめた。

不意にその日はやってきた。

十一月十三日、石川数正は城下から家族、親戚もろとも忽然《こつぜん》としてかき消えたのだ。石川数正の城代屋敷は柳の馬場から堀を巡った角にあった。肌を刺すような寒さのなか、大ぶりな荷物を担った人影が深い闇に紛れて数正は消えた。

かくして謀略につぐ謀略が用いられた、日本史上に珍しい小牧・長久手の戦役は終わった。家康も秀吉も孫子の教訓をフルに活用しての激突だったのである。

第四章 孫子で動く世界

第一節　中国の戦略は孫子の負の側面

権力闘争に明け暮れる共産党のエリートたち

中国には腐敗と利権をめぐる権力闘争の醜悪さがあっても、政治家には国民に対しての愛が基本的に欠落している。

孫子は戦争の目的を説いて、効果的戦術をたくさん列挙したが、愛国心や忠誠心、軍のモラルについてはなにほども述べていない。敵愾心を煽り、部下を思いやる将軍の器については力説しても、愛国心を如何に涵養するかに関しては言及がない。

孫子から派生し、敵を陥れる戦術としてのハニー・トラップが今の中国では盛んに行われているが、これは人間の根本欲望である食欲、性欲、金銭欲を直截《ちょくせつ》に刺戟するからである。巨額の収賄、賄賂を平然と要求してテンとして恥じない民族的特性は日本人にはとても理解できない。

中国の為政者にとって口癖は「天下為公」である。毛沢東や孫文が好んで揮毫《きごう》した四字熟語は「天下為公」であった。本当は「天下為我」や「公私混同」と書けば良いのに……。

中国における「国家」とは西側の概念と同一のものではなく、中国史における国家とは「天下」である。その天下は易姓革命によって転覆される。だから皇帝は天子として与えられた徳を身につけている者であり、徳を欠く皇帝はいずれ滅ぼされる。中国は一度として国民国家であった例《ためし》はないのである。だから国のために死ぬという考え方が出てこないのだ。

このような考え方が中国人のメンタリティを支配しているので、戦争の教科書でもある『孫子』には「特攻」、「玉砕」、「散華」という発想はゼロ、つまり国家のために戦争で死ぬ兵士はいない。

韓非子《かんぴし》がいみじくも書き残したように「其れ政《まつりごと》の民にやさしきは、其れすべて乱の始まりなり」。民は皇帝、支配者の奴隷であり、教育をうける権利もなく、情報を知らされることもなく、刃向かえば弾圧を加えるのが中国の政治である。農民や学生や宗教団体が反乱やデモを行えば徹底して血の弾圧を加えるのが中国の為政者の伝統である。

孫子で動く人民解放軍

文革後、中国共産党がいくら党大会で「社会主義新文明」を決議しても、文明というものは、党の大会の「決議」だけで創出できるものではない。歴史学者A・トインビーは

「文明は滅ぼされるのではなく、みずから滅びる」というテーゼをとりあげている。

中華文明は「みずから滅びる」というよりも加速的な、人為的自殺、自死とも言える。清末から中国はみずから帝政を放棄して、西洋の政治文化である共和制を選び、さらにソビエト連邦にならって社会主義帝政を選んだ。このようなここ一世紀半の中国におけるすべての運動、改革、革命と称するものは、伝統文明をみずから否定するものであった。

（黄文雄『日本を恐れ、妬み続ける中国』、ＫＫベストセラーズ）

したがって歴代政権は軍事力の充実に余念がないのであるが、その軍隊の存在は国外への戦力誇示であると同時に国内治安対策でもある。

中国の国家予算を比較すると軍事費より治安対策の費用のほうが多い事実に驚かされる。また陸軍の配置をみても国境警備（北朝鮮、ベトナム対策）より、国内の治安維持のため、首都防衛、少数民族の反乱防止（内蒙古、新疆《しんきょう》、チベット対策）のためなのである。

例外が海軍である。

中華人民解放軍の海軍は発足当時「近岸防衛」が関の山だった。日清戦争敗戦の場所は青島の北、威海衛《いかいえい》。その沖合にあるのが劉公島《りゅうこうとう》である。

江沢民時代、天安門事件をすり替えるため、反日キャンペーンを開始し、一九九五年に劉公島に「甲午海戦記念館」を建てた。巨大な建物の中にはいるとアヘン戦争からの中国近代の戦争をジオラマで再現しつつ、しかし日清戦争に負けたとは明示していない。劣等意識の現れだろう。同記念館は英国、ドイツの侵略をあまり批判せずに、ひたすら日本が悪いと総括し、これを愛国教育基地だと言い張った。

この劉公島へ第二次大戦を経て国共内戦直後の一九五〇年に、中国海軍が上陸したところ、軍事転用できる船は一隻とてなく、すべては蔣介石が持ち去ったか、あるいは棄却していった。中国海軍の発足時は「沿岸警備」程度の海軍力、これを「近岸防衛」と呼び、カバーできる水域はせいぜいが黄海くらいだったから「黄海水軍」と自虐的に名付けた。以後、中国共産党は海軍力の充実に乗り出した。

蔣介石が台湾へ逃げ去ったあと新中国が直面したのは経済的困窮であり、海軍の建設は経済成長を伴わない限り無理な話だった。それでも陸海空三軍の整合性ある軍事作戦行使を可能とするために「沿岸警備隊」程度の力が発揮できる艦船、潜水艦、快速船を必要とした。「空、潜、快」を合い言葉にして海軍力の充実に力を注いだ。口では台湾解放などと叫びながら、台湾上陸が可能な海軍艦船はなきに等しかった。そもそも上陸用舟艇さえ殆ど保有しなかったのだ。

一九七〇年代まで中国海軍の実力はあくまで「近岸防御」とされ、不意の敵海軍の奇襲攻撃に耐えられる持久戦に入った。孫子のいう不利なときは戦争に打って出るな、まさに「静かなること山の如し」の戦術を地でいったのである。

海軍の作戦には航空機の支援が必要である。当時、中国空軍の基地は内陸深くにあって空からの攻撃を防ぐことに置かれていたため海軍の作戦範囲はまさに沿岸のみ、行動半径は狭く、西側軍事筋は「沿岸警備隊に毛の生えた程度」と評価していた。

第二期は中距離ミサイルを搭載した海軍が空軍支援を代替し、近海にでて作戦行動がとれる戦略に転換された。これをもって「黄海海軍」から「緑水海軍」と名付けて、もっぱら防衛力としての海軍の拡充を図ったのである。

一九八六年に海軍司令員だった劉華清《りゅうかせい》が正式に党に提出した報告書に盛られ、同時に「第二砲兵」（つまり戦略ミサイル軍）が秘密裏に誕生していた。長距離ミサイルは中国海軍の空母不備を補い、海軍艦艇の遠距離への進出を可能にしようというわけだった。

こうした海軍の地道な拡充努力によって、中国海軍は北はウラジオストクから、南はマラッカ海峡まで行動半径が拡大されるようになった。露西亜のカムチャッカ半島、千島列島、フィリピン群島、台湾への近接があと一歩という段階にきた。

「近岸防御」時代は三〇〇海里、そして第二段階になった「近海防衛」戦略では、一〇〇〇海里が守備範囲と急拡大していた。

「中国海軍の父」と言われる劉華清は鄧小平の信任がきわめて厚く、まだ「養光韜晦」（能ある鷹は爪を隠せ）という中国の長期持久戦戦略の下、しずかに遠洋進行型と区域進行が同時に進められた。

当時の米国とソ連しか保有しなかった遠洋進行型海軍を目指していることが判明した。それまでの中国人民解放軍は陸軍優位、海軍は副次的存在として扱われていた。これを陸海空が均質平等としての力量整備に整合性を与え、三〇〇〇トンから四〇〇〇トン級の中型ミサイル搭載艦の充実を期し、同時に第二砲兵ならびに空軍にも協力を求めて、海軍の作戦可能の半径をさらに飛躍させた。

スプラトリー群島への侵入、ベトナム領海の永興島に二六〇〇メートル滑走路の建設などが同時並行的に進められていた。

孫子的に言えば「侵略すること火の如く」あるいは「動くこと雷の震えるが如く」にして、フィリピン領海の群島の一部にも進出を繰り返すのだった。

第三段階は「遠海防衛」と呼ばれる戦略である。

空母建設が謳われ、原子力潜水艦が就航し、これを「藍水海軍」と呼称するまでに実力を蓄えるに至った。ここまでの海軍力整備には時間と費用を要したが、中国の経済成長がこれを可能とした。ともかく中国の言い分では地球上の海の占める面積は七〇パーセント、沿岸から二〇〇キロ以内に地球上の八〇パーセントの人々が暮らし、防衛の通称ルートは、海洋に九〇パーセントを依存しているからである。

中国の経済は青島、天津、上海、厦門《アモイ》、広州は沿海部から先に発展したが、港湾に近いという地理的要因が理由だった。

そして経済力が世界第二位と喧伝し始め、にわかに金持ち大国として近隣諸国を睥睨《へいげい》し始めるや、「沿海防御」は文明発展の必須条件にして、中国モデルが世界に示されたと自慢を喧《やかま》しく開始するのだった。

いま中国海軍は奇妙な自信をもって作戦シナリオを語り出している。

第一に敵沿岸攻撃により相手国の進出意図を挫折せしめ、作戦を壊滅させる。あたかも日本軍の真珠湾攻撃のように、奇襲は可能であるとする。

第二に敵海軍を海洋の途中で殲滅できると踏んでいる。ミサイルの発達が、これを可能にしたと豪語している。

第三は近海接岸間際に敵艦隊を殲滅する作戦も可能だという。

中国語紙『聞声報』(二〇一四年八月十六日号)の分析に従えば、「上策は敵沿岸攻撃(攻敵岸)、中策は海洋途次の『攻沿海』、そして下策は接岸寸前殲滅の『攻近岸』だ」という。

こうみてくると中国軍は今も基本的には孫子を尊重していることが分かる。

共産党、謀略の歴史

そもそも共産党はその始まりから謀略の限りを尽くしていた。

一九六四年七月、当時の日本社会党副委員長佐々木更三は社会党系列の五団体を率いて訪中し、毛沢東と会見したが、そのとき毛沢東が何を言ったか、忘れないほうが良いだろう。

「日本の友人が皇軍の侵略を謝ったので、私はそうでないと言った。もし皇軍が（中国を）侵略しなかったら、中国人民が団結し立ち向かうことも、共産党が権力を握ることもなかったのです」

この毛沢東発言は佐々木更三の回想録にも出てくる。そうだ、毛沢東は客観的に情勢を分析していた上で日本へは感謝したくて仕方がなかった。もし日本に謝罪義務があるとすれば共産党ではなく、庶民に対してである。それは日本の敗戦が悪辣無道の共産党に権力をとらせてしまった結果に対して謝罪しても謝罪しきれないことである。

ソ連の傀儡に過ぎなかった毛沢東のゲリラ部隊は抗日戦争中、貴州から延安へと国民党の手薄な奥地に逃げてばかりの〝逃避行〟が「大長征」と書き直された。日本の輜重隊をおそったゲリラ部隊のたまさかの勝利を「日本に勝った、勝った」と今も言い続ける誇大宣伝。中国共産党は日本とはまともに戦わなかった。いや、もし日本と戦っていたら半日で殲滅されていただろうから。

謝幼田著・坂井臣之助訳『抗日戦争中、中国共産党は何をしていたか』（草思社）によると、

九一八（筆者註・柳条湖事件）が起こるや、ソ連と中共は直ちに抗日を煽った。中国共産党の魂は外から来たものである。つまり、それはマルクス・レーニン主義を指導原理とし、階級闘争を煽るソ連文化に根ざしたものであり、「仁」を中核とする調和のとれた中華文化の精神とうまくいくはずがない。中共の組織活動はソ連の直接指揮を受け、全世界の共産党員と同様、ソ連を彼ら（プロレタリアート）の祖国とした。これは中国人の基本的利益と相いれないものである。中共の党の利益と彼らが代表するソ連の国益は、一貫して民族の利益の上位に置かれてきた。

抗日戦争でも毛沢東は「兵力を分散させるべきで、集中した戦闘を主としてはならない」と直接命令した。つまり、兵力を温存しただけで、毛は八路軍を開戦前に安全地帯に移動させていた。この毛沢東の遣り方は「まさに、小規模な戦闘を行って大々的に宣伝するという」スタイルだった。

演説中の毛沢東の蝋人形

中国共産党が、今なお〝大勝利〟と宣伝している平型関の戦闘では「日本軍を一万人殲滅」と言ってきた。その後、たとえば朱徳全集では「日本軍精鋭の板垣師団第二十一旅団千人あまりを殲滅し、大量の軍用物資を捕獲した」と、こっそり、「一万」が「一千」と改ざんされている。十倍もの赫々《かくかく》たる戦歴をいうのだから政治宣伝もやりすぎだろう。問わず語りに「大量の軍用物資」とあるように日本軍の精鋭部隊ではなく輜重部隊であって、プロの戦闘員は日本側に殆ど居なかった。その弱い部隊を隘路《あいろ》に誘い込んで挟み撃ちしただけで、実際には日本側の犠牲は二六〇名程度だった。

一九四〇年に山西省、河北省一帯でおきた「百団会戦」も然り、「中原会戦」も然りだった。

彭徳懐も周恩来も毛沢東も中原会戦で中国軍は日本軍と戦ったと勇ましきを述べているが、謝幼田が念入りかつ綿密に調べた結果、「八路軍は（戦闘に）まったく参戦しなかった。（中略）中共の元帥、将領たちの抗日回想録をひっくり返してみても、参戦の形跡は何一つ見あたらない」というではないか。

こんな謀略ゲリラ部隊が、それでは何故、国共内戦で蔣介石を破って天下を取ることができたのか？

毛沢東の「政権は銃口から生まれる」、そしてコミンテルンの「戦争から内乱へ、内乱から革命へ」の方針は、日本を大陸に引きずり込んで戦争の当事者にすることによって成就したのだ。中国共産党にとって、その革命が成功した第一の貢献国は日本であり、第二の貢献国がF・ルーズベルトのアメリカである（西村眞悟『国家の再興』、展転社）。

実際にルーズベルト政権には二百人のコミンテルンのスパイが潜り込んでいた。ヘンリー・ウォレス副大統領以下、ハリー・ホプキンス大統領補佐官、ロクリン・カリー経済補佐官、国務省にはアルジャー・ヒス、財務省にはハリー・デクスター・ホワイト等々。

後にコミンテルンの戦略戦術を暴露した『ヴェノナ文書』によれば、ホプキンスはKGBに情報をせっせと提供していたが、KGBからは「役に立つ間抜け」と呼ばれ、またヒスはヤルタ協定の原文作成に関与したが、暗号名は「アレス」だった。GRU（ロシア軍本部情報総局）

の工作員だったのだ。

カリーは早々とフライングタイガーへの増強を提言したし、共産党員だったオーウェン・ラティモアをホワイトハウスの執務室にいれて、蔣介石顧問に推薦する。

こうしてルーズベルト政権はコミンテルンに操られ、踊らされ、あろうことか蔣介石政権をくじき、毛沢東を援助し、米国が敵視するはずの非民主、独裁、全体主義に中国を塗り替えることに結果的に協力した。つまりルーズベルトは世紀のバカだったのである。

詐欺と騙しと政治プロパガンダの天才が中国共産党と言えるだろう。

いや、もともと中国の政治は孫子がいうように「騙したほうが勝ち、騙されたほうが負け」という弱肉強食の世界である。共産党は国民党を騙し、米国を騙し、しかもスターリンも騙そうとした。

抗日戦争で、徹底的に騙されたのは蔣介石だった。毛沢東は抗日戦争を戦っていた国民党軍を背後から襲い、蔣介石の軍事力を弱めることばかりに熱中し、はては日本軍の謀略機関と秘密裏に提携して、蔣介石の機密を売り、背後から国民党をやっつける謀略に加担していた。

孫子の弟子としては上出来である。

アメリカの日本謀略に荷担した国民党

また、戦前、アメリカで日本の悪イメージを植え付ける工作にあたったのは国民政府の財政部長だった宋子文《そうしぶん》と駐米大使の胡適《こてき》だった。

鳥居民氏は『昭和二十年』（十三巻、草思社）のなかで次の指摘をされている。

胡適と宋子文は道義上の優越性は自分たちの側にあるのだと信じ、その絶対的に有利な舞台で存分に活躍した。しかも宋は一介の役人に過ぎない野村や来栖と違って、自由に使うことのできる豊富な軍資金を持っていた。アメリカからの借款を自由に使うことができたのである。宋はルーズベルトの顧問と政府閣僚を定期的に邸に招き、シナ料理をご馳走し、食後には必ずポーカーをやった。さらに胡適と宋子文はアメリカの最高裁から上院、下院内に友人をつくり、訪ねた州知事や市長に大歓迎される関係を築き、大学教授、新聞記者、国際問題を論じる評論家とはいつでも電話連絡をすることができ、重慶政府の主張を新聞やラジオで伝えさせていた。

彼らのロビー工作はワシントンの秘密電報の中味さえ、たちどころに掌握できるほどの優位にいたが、それもこれもルーズベルト政権内部に巣くったコミンテルンの同調者と、ルーズベルトの母の実家で、中国で麻薬や奴隷貿易で財をなしたデラノ家の利益買弁家でもあったハリー・ホプキンスの存在であった。ハリーはルーズベルトの右腕として、殆どの陰謀に荷担した。こんなおり日本では畑にさつま芋を育てて細々と食いつないでいたのだ。

在米日本人への差別はいかに苛烈を極めていたか。

カレイ・マックウィリアムス著『日米開戦の人種的側面、アメリカの反省1944』（渡辺惣樹訳、草思社）では、当時、カリフォルニアで反日運動が燃えさかった背景を調べ、結局のところ日本人差別は人種偏見であり、まして戦争勲章を与えられた日系アメリカ人も多く、彼らの名誉を剥奪するほどの差別、しかも強制収容所にぶちこみ、かれらの在米資産を取り上げるなどという無謀は歴史への汚点だったとしている。

そして同書はもっと公平に扱うべきとする勇気ある主張をなした。というのも戦争殊勲賞に輝いた日系アメリカ人の一人は、それでも強制収容所に入れられると知って、抗議をこめて自決した。当該書の著者は決して親日派ではなく、むしろ共産主義のよき理解者、社会主義を理想とする法律家だった。コロラド州生まれの彼は、実際に一九八〇年まで生きたが、ジャーナリストとして豊饒な仕事を左翼方面の分野に残しており、アカデミー賞脚本賞を受賞した映画『チャイナタウン』は彼の著作にインスパイアされてシナリオが書かれたという。またカリフォルニアの社会問題に深い関与をしめす作品群を残した。

次の叙述個所はきわめて印象的である。

かつてカリフォルニアでは誰も彼もが支那人を嫌った時期があった。今日、職業として反支那人を訴えている者以外はそうした主張をする人間はいない。デイリー・アルタ紙はかつて「支那人は人間ではない。弱い生き物を狙う動物と同じ存在だ」（一八五三年六月十五日）と主張していた。それが遠い過去のように感じられる。

翻って現在の米国はと言えば「職業としてアンチ日本を煽る組織」、そうした運動や団体が、今のアメリカに明確に存在する事実。そして戦争中、コミンテルンが画策した「世紀の謀略」とは日本の近衛内閣のブレーンにもぐり込ませ、日本の戦争方針を「南進」させることに成功したことである。

ソ連にとって、それだけ軍事的脅威が削減されるからである。

同様にルーズベルト政権には共産主義者とコミンテルンの代理人が夥《おびただ》しく存在したことは

述べたが、彼らが、この日系アメリカ人差別政策の背後にいたという歴史的証拠がもっと出てくれば歴史の修正が必要になるだろう。

デマ報道、風説の流布、偽情報の拡散を行う韓国

韓国もまた、孫子の世界に生きている。ただし戦略は二流である。「従軍慰安婦」「強制連行」だけではない、もう一つの歴史捏造が関東大震災における朝鮮人虐殺という出鱈目《でたらめ》な歴史歪曲史観である。

事件を徹底的に調査すればするほどに、かの「南京大虐殺」のように「ありもしなかったこと」のでっち上げが誰かの手で行われたことが判明する。

加藤康男『関東大震災「朝鮮人虐殺」はなかった』（ワック）は、「朝鮮人虐殺の痕跡さえない。あったのは朝鮮人のテロ行為に対しての自警団による正当防衛である」という事実を検証された作品である。

最近もよく何か在日朝鮮人にとってまずい事件がおきると、朝鮮学校の女生徒が民族衣装を切られたと訴える事件報道があり、必ず朝日新聞が伝えるが、なぜか在日朝鮮人らが危機と感じたときにこの類の事件がおこり、しかも犯人が捕まらず、現場写真もないことから自作自演

説が昔からいわれた。予防的自己防衛の過剰工作であるが、結果的には日本人が凶暴という印象づくりにも役立つという、日本人へのマイナス効果を挙げる。

天災や事変、大地震では日本以外の国では強盗、陵辱、掠奪がつきもの、じっさいに中国河北省の唐山大地震のときは被災者から財布をぬきとり、時計を盗んでいた集団がいた。東日本大震災でも第三国人（当事国以外の国の人。戦前・戦中は主として台湾出身の中国人や朝鮮人をさしていた）による金庫泥棒があったため自警団を組織した町村がある。関東大震災では朝鮮人襲来にそなえて自警団が組織され防衛任務にあたった。正当防衛である。

ところが「社会主義者と抗日民族主義者が共闘し、上層部からの指令を受け、天災に乗じて思いを遂げようとした輩がいた」ために自警団結成、武装となった事実経過がある。

当時、横浜で被災したアメリカ人が二人歩いて帝国ホテルへやってきたが、町の様子を記録した文章が英国ナショナルアーカイブに保存されていた。加藤氏はそれを見つけた。

そして帝国ホテルでは朝鮮人が攻めてくるというのでマシンガンで武装した部隊がいたことを証言しているのだ。

一例を挙げる。

いま韓国は依然として「反日」一色。真実の研究は「してはいけない」ことになっている。朝日新聞さえ、ついに否定した「強制連行」と「従軍慰安婦」、ついで「性奴隷」を今も、世界に向かって拡声器のようにがなり立て、大統領は世界を告げ口で行脚している。

戦時下の動員は、その実態が知らされず、研究文献もなく、英語圏でも歴史文献から完全に抹殺されている。この韓国近代史の「空白領域」に挑んだ少壮《しょうそう》のアメリカ人学者がいる。

ブランドン・パーマー著、塩谷紘訳『日本統治下朝鮮の戦時動員　1937-1945』（草思社）によると「動員体制」は強制力を伴わない、志願制度であった。

日本の朝鮮支配は、決して絶対的なものではなかった。まず戦時動員にあたって、朝鮮人民に協力と承諾を求めた。だから「朝鮮人には協力するか否かを自ら選択する権利があった」という事実が、浮かんでくるのである。この真実を韓国は徹底して隠蔽している。

「植民地朝鮮に関してハングルおよび日本語で発表された研究には、強制動員論に与《くみ》するものが圧倒的に多い。関連の著作や刊行物は、強制労働、従軍慰安婦、そして朝鮮人搾取にかかわるその他もろもろの問題に焦点を当てることによって、今なお民族史観的パラダイムを流布し続ける。韓国政府は、このパラダイムを広く韓国の大衆に伝えるために、博物館や公的記念碑を管理し、『日帝強占下強制動員被害真相糾明委員会』や独立記念を含む研究機関・施設を財政面で支援している」ことになる。

つまりでっち上げの上塗りを韓国は官民挙げて行っているのだ。

こうした逆宣伝で政治キャンペーンに利用する悪辣さを日本人はなかなかできないのである。

ヒューミントで米国より優位に立つ中国

最後に中国の国家戦略を概観しておきたい。現代の諜報戦は、しかしながら電子機器によるエリントが主力となり、人間を通じて敵の内部情報を得るというヒューミントにおいては、むしろ米国が劣勢、中国のほうが、はるかに優位に立ったかに見える。

中国は二百万人のネット監視団のほかに数万人と言われるハッカー部隊を組織しており、主力は欧米日からのハイテク情報の奪取である。

いったい何を盗み出しているのか？

中国の国家公安部がネットを監視するが、要員には軍と警察ＯＢ、ならびにコンピュータに通じた若者を多数アルバイトとして雇用している。これらは中国からの機密漏洩防止の目的も含まれている。

ウォールストリート・ジャーナルが中国のハッカー部隊の全貌をあばく記事を掲載した（二〇一四年七月七日）。

電子スパイの本拠は中国人民解放軍総参謀部三部である（以下「３ＰＬＡ」と略す）。

この機関は大使館、主要企業、マスコミ支局などの通信を傍受しており、とくに上海の郊外には米国との海底ケーブルによる通信をまるまる盗んでいる。ケリー国務長官は外交上タブーとされる「盗む」という語彙を使用して中国を批判した。

3PLAの構成はおよそ十万人とされ、語学の専門家に加え、コンピュータ技師、通信暗号解読専門家、数学者らが地域ごと分野ごとの任務を分担している。

この3PLAのハッカー部隊の本部は上海にある軍事施設で通称「61398部隊」と呼ばれ、総参謀部三部二局が主管し、米国司法長官が起訴した中国人五人は、この部隊の所属で、「総参謀部三部二局三処」（通称61800部隊）。しかし中国はスパイの存在さえ認めず米中対話は一切の合意がなく散会した。

日本でもこうした秘密工作に従事する中国人のハッカー要員が三千人近い。

国家安全保障にとって尋常ならざる脅威だが、日本の関係官庁もマスコミもあまり重視していない。政府部内に国家安全保障局が発足したのもつい最近のこと。「普通の国」なら当然ある「スパイ防止法」がない日本では外国のスパイ活動はやりたい放題だ。

中国のハッカー要員の最大の狙いは「軍事技術」である。自衛隊員の外人妻は八百余名、この七割近くが中国人女性である。だから事件は頻発する。護衛艦やミサイルの最新技術情報を夫をそそのかして入手したり、ときにハニー・トラップを上官に仕掛けたり。

三菱重工、富士通、日本電気、川崎造船など民間技術の汎用で軍事技術に転用できるハイテク最先端特許を持つ企業が狙われている。日本は自前の世界戦略を持たず、日米安保条約に守られていると錯覚しているが、米国から供与されるブラックボックスに重大な機密が隠されている。米国から派遣される監視要員を籠絡する工作も密かに行われているほか、機密回路に接続する暗号を入手したり。日本企業の対策は後手後手である。

すでに発覚した事件では「三次元立体画像のリアルタイム伝送システム」が米国開発企業の日本支社の取引先から中国に渡される直前だった。これらは民生用でありミサイルの誘導装置に転用されると中国の軍事技術は格段に進歩するためハッカー要員らは虎視眈々とハイテク企業の下請けや技術部門の開発委託企業というアキレス腱を集中的に狙っている。多くは米国からの通報で直前に防止されるが、十数件のハイテク情報はすでに中国へ流れてしまったと専門家はみている。

世界でも反日・親中プロパガンダ工作

中国がプロパガンダ戦争の一環として、マスコミ工作を展開していることは明らかだが、対日ばかりか、この作戦展開は世界的規模である。米国マスコミとてニューヨーク・タイムズは反日・親中である。

「中国の代理人」は朝日新聞やＮＨＫばかりではない。ドイツ国営放送「ドイツの声」は「中国の声」に改称せよと世界で批判が巻き起こっている。

「洋五毛」と辛辣な批判が世界中の中国語メディアに拡大している。ターゲットは「ドイツのＮＨＫ」といわれる国営放送の「ドイツの声」だ。

「洋五毛」は漢字のニュアンスから容易に想像できるが「中国共産党に奉仕する外国メディア」の意味。「五毛（九円）」で党支持のメッセージをネットにせっせと流すアルバイトの若者を「五毛党」という。この上に「洋」が被さるわけだから僅か三文字で全体の意味が分かるだろう。

　ことの起こりは二〇一四年八月、「ドイツの声」北京支局で中国語部門を担当していた蘇雨桐《スーウートン》女史が突如、解雇された。理由は社内の機密を漏洩したため内部規定に反したなどとされた。彼女は人権活動家をしていた経歴があり、二〇一〇年にドイツの声北京支局の中国語放送記者に雇用された。西側のマスコミ同様に中国の人権抑圧を批判してきた。

　メルケル首相がドイツ財界多数を率いて七回も訪中し、フォルクスワーゲンは投資を二倍にするなど日本、台湾、米国企業が撤退する流れに背を向け、韓国と一緒に対中投資を増やしてきた。この国家政策と平行するかのように「ドイツの声」は突如、中国共産党批判を止める。

今では「天安門事件はあったのか」「中国経済はますます好調。発展のノウハウは『中国モデル』に倣おう」などと剥き出し親中路線である。それもスーウトン女史に替わってドイツから赴任した新支局長がまるで『環球時報』(『人民日報』の大衆紙)べったりの中国礼賛ニュースを連発する。人権批判を一切しなくなり中国共産党を擁護する。

香港誌『開放』(二〇一四年九月号)によれば、連日のように豪華料理の接待を受け、政府要人とはすぐにインタビューができる配慮など、その共産党との癒着が顕著という。世界の民主法治を求める中国系の若者は、ドイツの声の偏向ぶり、その中国共産党との異様な癒着を非難している。

「ドイツ公共放送はドイツ国民の税金を中国政府のために使っているのは了解できない。それなら中国政府から費用も貰え」と。

中国は米国の衰退を待ち、対日戦争に備える

イラクにおけるISIL(イスラム国)の跳梁跋扈に足を取られた形のオバマ政権は軍事的に行き詰まりを見せているが、米中関係もとうとう行き詰まった。

日本のマスコミは奥歯に物が挟まるような書き方だったが、二〇一四年七月に北京で開催さ

れた「米中戦略対話」は事実上の決裂だった。

習近平自らが出席し、その場で「新しい大国関係」を強調した。米国はせせら笑ったのだ。中国側の主役は汪洋（政治局員、副首相格。序列九位）だった。米側はケリー国務長官だが、はっきりと「ハッカー」攻撃により米国の機密が盗まれていると中国を非難した。汪洋はかつての中国側責任者、王岐山にかわって戦略的政治の先頭にたち、王岐山はむしろ経済畑を離れて反腐敗キャンペーンの責任者。習近平の権力固めの黒子に徹している。軍高官の腐敗にもメスを入れた影の立役者は、この王岐山（政治局常務委員、序列六位）である。

二〇一四年五月、米国に潜り込んで軍事機密のスパイ活動をしていた軍幹部五名を司法長官がじきじきに記者会見して起訴した。これらは米国の軍司令ネットワークを破壊できる能力を持ち、また官庁、有名企業のＨＰを改ざんするのはお手のもの、その一方で重要な機密情報、とくに軍事技術関連の機密を盗み出している。

これで米中関係がぬきさしならない対立構造にあることが浮き彫りになったのだ。

だが、米軍の士気は弛緩している。

戦争疲れと言えるが、オバマ政権の下で国防予算が大幅に削減され、米軍兵士のモラルが阻喪している。オバマ大統領は国防戦略にあまりにも無頓着で、シリア介入をためらい、ウクライナ問題では、口先介入と経済制裁で逃げ切る構えである。「アメリカは世界の警察官ではない」

とする発言は、その真実味を日々濃厚にしてきた。

しかし中国に対しての口先介入は、かなり激しい。

「現状の秩序破壊は許されない」「法の支配に随うべきだ」と国務長官、国防長官が声を荒げたが、中国の国防高官たちの口から出てくるのは「アメリカ、何するものぞ」と硬直的かつ勇ましい、恐れを知らない傍若無人ぶりである。

ペンタゴンの作戦立案の現場で、いま最も憂慮される事態とは南シナ海のことより、尖閣諸島のことである。オバマ大統領は二〇一四年四月下旬の訪日時に「尖閣諸島は日米安保条約の適用範囲だ」と明言したが、だからといって「断固守る」とは言わなかった。

米海軍太平洋艦隊の情報主任であるジェイムズ・ファネルは「中国は迅速で鋭角的攻撃を準備している」とサンディエゴの海軍会議で発言した。これは尖閣諸島への中国軍の上陸を想定したもので離島奪回作戦を日米が訓練しているのも、こうした背景がある。

最大の脅威を米軍は中国の謎の新兵器「東風21D」と見ている。

まだ写真が公表されておらず、西側が正確に確認しているわけではないが、この「東風21D」は中国第二砲兵隊（戦略ミサイル軍）が二〇一一年頃から配備につけており、トラック発射型移動式。一五〇〇キロを飛翔する対空母破壊ミサイルである。米海軍大学校のアンドリュー・エリクソン博士は、このミサイルを「フランケンウエポン」と命名した。東方21Dは海洋に向けての発射実験がされていないが、ゴビ砂漠で実験に成功したとされる。

米空母に搭載されるF35新型ジェット戦闘機は航続距離が一一〇〇キロである。空母は七万トンから十万トン、搭載機は七十機から百十機。乗組員は平均五千名で、空母の周囲を潜水艦、駆逐艦、フリゲート艦、輸送艦が囲む一大艦隊を編成する。F35はまだ実験段階である。


これまで米空母艦隊で世界の安全を見張ってきた。いつでも紛争地域に派遣され作戦を展開できたのだが、こうした空母優位思想は、東風21Dミサイルの出現によって根底的な意義を失う。

空母を破壊もしくは決定的な損傷をミサイルが与えるとすれば、米空母は中国から一五〇〇キロ離れた海域での作戦行動を余儀なくされるため、従来、安全保障を提供してきた意義が失われる。とくに西太平洋で危機が濃厚になる。

（『TIME』、二〇一四年七月二十八日号）


この議論はペンタゴンの奥の間で秘密裏に行われ、封印されてきた。すなわち米空母は中国から一五〇〇キロ離れた海域で作戦行動をとるが、F35が一一〇〇キロの航続距離となると南シナ海、東シナ海の係争戦域には到達できないことになる。日本の尖閣諸島が有事となっても米軍は空母の支援ができないことになる。

費用対効果を比較すると、中国の「東風21D」は一基が一一〇〇万ドル（一一億円）。これから一二二七基が量産される。米空母は最新鋭の「ジェラルド・フォード」が一三五億ドル（一兆五〇〇〇億円）。

一九九六年台湾危機のおり、米海軍は空母二隻を台湾海峡へ派遣した。中国はミサイル発射実験による台湾恐喝を止めた。空母を攻撃できるミサイルを中国軍は保有していなかった。李登輝が悠々と当選し、中国はメンツを失った。

「トゥキディデスの罠」とは、ペロポネソス戦争で急速に力をつけたアテネが、スパルタに立ち向かい周辺国を巻き込む大戦争となった故事から、たとえば日本へ大国の傲慢さで挑戦する中国がこの罠に嵌るとアメリカが舞き込まれるという逆転の発想である。つまりペンタゴンの悲観論につながる。

米軍関係者は、国防予算の大幅削減と軍事力の衰退を前にして、この「トゥキディデスの罠」を盛んに言うようになった。

そして「ゲームが変わった。中国は危険な挑戦を始めたが、アメリカは依然として空母優先思想に捕らわれ、従来的な軍事作戦の枠のなかでしか対応できない。この事実こそは危険である」（同ＴＩＭＥ）。

こうして中・長期的展望に立つと米国の優位は徐々に下落してゆくことは明確であり、その衰えを中国は観察しながら、次の行動に移ってゆくであろう。

すなわち、中国が戦争を仕掛ける危険性が高まったと見るべきではないだろうか。

第二節　孫子を知らないオバマが「イスラム国」を生んだ

中東産油国の激変を孫子風に読むと

イラクの政治的統治はもはや絶望的になった。オバマ大統領がペンタゴンの反対を押し切って時期尚早の撤兵は後世の歴史家から厳しく批判されることになるだろう。

米国がマリキ（イラク前政権）を見限ったのは二〇一四年六月だった。「米国の傀儡」と一時期いわれたマリキ政権はむしろ米国が敵視するイランのシーア派に接近し、シーア派を重視してスンニ派を弾圧したからだ。

スンニ派は不満を高めていた。ケリー国務長官がバグダッド入りし、同時期にイラク防衛のためにオバマは特殊部隊を送った。だがイラク政府軍の士気は滅法低く、敗色が濃くなって、あろうことか、北西部油田地帯から逃亡を始める。

ＩＳＩＬ（当初、「イラクとレバントのイスラム圏」と名乗ったが、今は「イスラム国」で世界のマスコミは報じている）は、拠点のシリアからイラクへ南下し、たちまちのうちにモスル、キルクーク、チクリット、ファルジャなどを軍事静圧した。

このときＩＳＩＬは、米軍から大量に支給されていたイラク軍の武器庫を急襲し、最新兵器多数を奪って武装を強化した。同時に逼塞していた旧バース党員（サダム・フセインの残党）が反政府勢力に加わった。この勢力拡大のやり方は孫子的である。

治安悪化にともない外国企業のイラク撤退が開始された。欧米石油エンジニアが油田から去った。中国企業とて比較的安全といわれたイラク南部の油田から石油エンジニアの引き上げを開始した。間隙を縫ってＩＳＩＬは油田生産を続行し、廉価で石油の密輸出を始めた。

イランは精鋭の「革命防衛隊」をＩＳＩＬ鎮圧のためイラクへ派遣すると言いだし、バグダッド政権は志願兵をカネで集めた。しかし志願兵はプロの軍人でもなく、訓練不足。そのうえ武器不足である。

ＩＳＩＬはシリアに投入していた外人部隊をイラクへ転戦させ、大攻勢をかける構えを崩さなかった。バグダッド侵攻が目前だった。クルド人ならびにヤジド族への血の弾圧、粛正が始まり、捕虜とした女性を性奴隷に、男たちは次々と虐殺した。十三万人ほどがイラクからトルコへ逃げた。彼らは正統カリフ国家を僭称し、イスラム法を勝手に解釈して、敵と思われる勢力、宗派の抹殺をはかる。キリスト教徒への迫害も凄まじい。

ついには米英のジャーナリストを処刑し、その残忍な場面をネットに流した。このため欧米は激怒、オバマ政権は空爆を決めるのだ。

つまり欧米キリスト教世界に、彼らは残忍さを見せつけ、喧嘩をうった。どのような勝算があるのか、訝《いぶか》しいのだが、一説に欧米を巻き込んで中東を流血の巷と化し、毛沢東の展開した持久戦にもちこむ戦略行使とみることができる。

シリア領内にあるＩＳＩＬは二〇一四年夏から単にＩＳ（「イスラム国」）と呼ばれるようになり、外国人傭兵多数が加わっていることが判明した。ＣＩＡは多くみつもって三万人のメンバーと推測していることが分かった。

同年九月二十二日から、イラクのみならずシリアへ米国主導の空爆が行われ、「テロリストの本部、軍事訓練場、武器庫、食糧倉庫、財務本部、宿舎などを空爆とミサイルで破壊した」（米中央軍発表）。空爆はＦ22、Ｂ１、Ｆ16、Ｆ18のそれぞれ爆撃機が勢揃いした。また洋上から多数のトマホーク・ミサイルが発射された。

オバマ大統領の決断は九月十日だった。空爆の実現までに随分と時間が必要だったのは周辺国の同意、賛意、あるいはこの空爆への協力である。米国の発表に従えば、空爆にはサウジアラビア、ヨルダン、カタール、バーレーン、ＵＡＥ（アラブ首長国連邦）が加わり、シリアのアサド政権には事前に通告したと一部メディアがつたえた。ＩＳＩＬと敵対するアサドにとっては干天の慈雨のごとき朗報となった。

ともかく空爆は長い対テロ戦争の「はじまり」でしかなく、近未来にかけてＩＳＩＬとの戦闘は長期化する怖れがある。

米国は地上部隊の検討を始めた。オバマは国連で支持を広げ、国際社会の理解を得たい姿勢にある。意外にロシアも中国も沈黙を守った。かわりに豪、フランス、ベルギー、北欧諸国が空爆へ参加し、あるいは武器供与を申し出た。

イラクの構造をやさしく解説したのは『TIME』（二〇一四年六月三十日号）だった。それによれば次のような複雑な背後関係がある。

第一に米国とイランは対立するのにイラク政府防衛では利害が一致している。

第二にシリアのアサドを支持しているのはイランとイラクとシーア派の武装組織であり、そのイランを封じ込めているのが米国と湾岸諸国という錯綜した構図がある。

第三にアサド政権を守ろうというのは湾岸諸国とスンニ派武装組織。シリアに協調的なのがトルコとクルド族で、これら複雑にして輻輳《ふくそう》した利害関係が絡み合いながらもISILを駆逐するために共同戦線を張ろうとしているのが米国、イラン、イラク政府とクルドという「野合」の状況が生まれた。

アルカィーダから分派して結成されたのが、このISIL（イスラム国）だが、ほかにアルカィーダ直系とされる「ホラサン」が注目をあつめる。ホラサンは特殊爆弾をつかう個人テロが得意であり、残虐さにおいてイスラム国に引けを取らない。

そして、このテロリスト集団は、世界各地に戦士を補充するリクルート作戦に乗り出したのである。その方法はずばりカネと女である。

インドのハイテクシティ「ハイデラバード」からも「イスラム国」に

シリアとイラク北東に盤踞《ばんきょ》する過激派ＩＳＩＬも、世界各国にリクルート部隊を派遣し、若者を洗脳し、兵隊要員として次々と雇用しているが、インドネシアやオーストラリア、そしてインドにもイスラム国の魔手が伸びていたのだ。インドが衝撃を受けたのは、イスラム教の狂信者は措くにしても、ハイデラバードから、若者が十数名、イスラム国にリクルートされ、出国寸前だったことだ。

ハイデラバードは「インドのシリコンバレー」といわれるバンガロールと並び、ＩＴ、コンピュータ、ソフトなどを開発する先端技術が集約した工業都市だ。技術大学も林立するうえ、たとえばマイクロソフトのＣＥＯにビル・ゲイツから指名されたのは、このハイデラバード出身のインド人だった。

インドが恐れるのは、こうした理工系の優秀な若者が、しかもヒンズーの強い町で、なぜかくも簡単に敵対宗教の過激派の武装要員にリクルートされてしまうのか、という恐るべき現実なのである。かつて日本のオウム真理教にあつまったのも理工系、化学などの専門知識をもった若者であり、その洗脳が深ければ深いほど狂信的ドグマから抜け出すのは容易ではない。

パキスタンのムスリムの精神的指導者アジス師が最近、「『イスラム国』を支持する」と発表した。これもまた衝撃的な事件である。

ＩＳＩＬは、イラクがかたづけば、次の攻撃目標は中国である、と聖戦の継続と拡大を宣言しており、この動きに神経をとがらせる北京はアジス師の動向監視をパキスタン政府に要請した。

二〇一四年八月二十三日、中国は前年秋の北京天安門炎上テロ事件の関係者、八名を「テロリスト」だと理由付けし、処刑した。

全員がウィグル人だった。その前の十九日には、河南省南部にあるカルト集団「全能神」本部を手入れし、信者千名を「カルトの狂信者」だとして、拘束したことも発表した。

ＩＳＩＬはすでに中国に触手を伸ばしておりウィグル人のイスラム教徒過激派多数が軍事訓練に参加している。ＩＳＩＬにはウィグル人も多く加盟しているとされる。北京にとってはやっかいな問題が再浮上した。

二〇一四年七月に記者会見したＩＳＩＬ指導者は十五分に渡る演説で「ＩＳＩＬは北アフリカからスペイン、東は中央アジア、パキスタン、アフガニスタン、インド。そして最終最大の目標は中国である」と述べた。

華字紙の「多維新聞網」(一四年八月十六日)は、このイスラム過激派の膨張目的を「危険の弧」と命名した。事実、アフガニスタンのアルカィーダ秘密基地で軍事訓練を受けていたウィグル人はおよそ千名とされ、米軍の攻撃でグアンタナモ基地に数十人が拘束され、うち何人かはアルカィーダと無関係と分かってアルバニアなどが身柄を引き取った。中国は執拗に身柄の引き渡しを要求している。

トルコとクルドとISIL

一方、ISILの台頭により利益を得た勢力もある。

中東の大国、トルコである。

「オスマン・トルコ帝国」の復活を目指すかのようなエルドアン・トルコ大統領は「(自らの大統領選の)勝敗の決め手はクルド族との和解にあり、クルドの支持を得られるだろう」とした。

エルドアンは「クルド族が『独立』の住民投票を行うことに反対しない」と従来の政策を転換した。この動きを背景にイラクのクルド自治区のマスード・バルザニ(自治政府議長)が記者会見し、「数カ月以内に住民投票を実施して独立を問う」と豪語した。

かくて中東は大混乱、空爆を奇貨とするのはクルド族にみならず、イスラエルとシリアのアサド政権が欧米のシリア空爆（ＩＳＩＬの拠点）に裨益《ひえき》したように、クルド独立にこんなチャンスは二度とないだろう。

バルザニは「もちろん選挙管理委員会を組織化することから着手するので実際の投票実施までに数カ月の時間を要するが」と日程を明示することは避けた。

もっとややこしいのは、クルド独立をイスラエルが賛成していることだ。クルドの独立を脅威視してきたイラクは「独立をめぐる住民投票は地域の不安定化につながるうえ、トルコ国内も不安定となる要素が大きく、究極的にはイスラエルを利するだけだ」と強く非難するが、国際世論もクルド独立に同調的である。

クルド族は推定人口千五百万人。イラク、トルコ、イランの山岳地帯に住んでいるが、ながらくこれら三国が反対してきたため、独立は叶わなかった。

アラブ人と人種が完全に異なるゆえに自治区を形成してきたが、突如、ＩＳＩＬの跳梁跋扈《ちょうりょうばっこ》でイラクが無政府状態となるや、クルドは電光石火の作戦でバイハッサンとキルクークの二つの油田を制圧した。両方で日量四十万バーレルの石油が生産され、独立した場合の歳入が確保される。

ところで中東の暴れん坊だったイランという宗教革命を掲げた全体主義の体制は、第二世代に移行した。まさに中国の太子党に酷似する。だから中国の奥の院で「共青団」vs「太子党」の権力闘争があるようにイランでも今、おなじ対立が先鋭化している。

しかし、近代化を急いだパーレビを打倒したイスラム革命の背後には欧米の工作があり、フランスはホメイニ師を匿《かくま》っていた。イスラム革命が成功すると、旧権力者と軍幹部を根こそぎ処刑し、宗教警察という秘密警察を敷いて国民を監視し、身動きのできない全体主義国家に陥れ、あげくに彼らは暴走して米国大使館を占拠した。のちに大統領となるアフマディネジャドは、当時、その暴走組の一人だったという。

ＩＳＩＬを生んだのは英米

大きく歴史の展望を広げて植民地時代の原理原則を振り返れば、アジア各地で英国が何をしたか？

ミャンマー国王夫妻をインドへ強制移住させ、王女はインド兵にあたえ、王子たちは処刑した。旧ビルマから王制は消えた。そのうえでムスリム（イスラム教徒）を六十万人、ミャンマーへ移住させて、仏教の国と対立するイスラムを入れ、北部のマンダレーには大量の華僑をいれ、少数民族を山からおろしてキリスト教徒に改宗させ、要するに民族対立を常態化させて植民地支配を円滑化したのだ。

ベトナムでフランスが同じことをやり、インドネシアでオランダがそれを真似、インドにも英国は民族の永続的対立の種をまいた。

つまり言語と宗教の対立をさらに根深いものとして意図的に残し、あるいは強化し、インド支配を永続化させようと狙った。インドの紙幣には十五もの言語の表現があり、統一のインド語のかわりに英語が共通語となった。

アルカィーダというテロリストのお化けはなぜ生まれ、その亜流がもっと過激なテロ活動を続けているのか?

冷戦時代のソ連のアフガニスタン侵攻で、ムジャヒデンという武装ゲリラの武器援助を続けたのは欧米、とくに米国だった。パキスタンを経由してスティンガー・ミサイルなどの高度な武器が供与され、結果、ソ連の武装ヘリは追撃された。

やがてソ連軍は去り、かわってアフガニスタンを支配していたタリバンは、アルカィーダに秘密軍事基地を提供し、テロリストが世界に輸出された。タンザニアなどの米大使館が彼らに攻撃を受け、クリントン時代の米国はアフガニスタンのタリバン基地に五十発のトマホーク・ミサイルをお見舞いした。しかし彼らはしぶとく生き残り二〇〇一年九月十一日、ニューヨーク貿易センタービルを破壊した。

この結果、ブッシュ・ジュニア時代に「対テロ戦争」が開始され、イラクへ、アフガニスタンへ大量の兵士と武器が送られた。政権がオバマになるや、イラクから撤退し、アフガニスタンからも逃げる準備ができた。

こうした状況に過激派アルカィーダは世界の主要拠点を築いて外国人戦闘員も養成し、そのアルカィーダ残党から分派してできたのがＩＳＩＬである。

彼らは混乱するシリアに拠点を構築し、銀行強盗、誘拐身代金強奪など残虐さと荒っぽさでたちまちにして肥大化した。フランケンシュタインのようなイスラム過激派のお化けを生んだのは結局のところ、英国などの植民地支配の残滓、米国の無邪気ともいえる介入と無惨な敗退ではないのか。

しかし、もっと大局的な文明観にたてば、欧米はキリスト教文明圏であり、イスラム文明圏が結束して対抗する勢力となることを警戒するのだ。

したがってシリアなども、イラクがそうであったように欧米が軍事介入すればするほどに紛争が悪質化するのだが、イスラム全体がまとまらず、恒常的に内訌《ないこう》と紛争を繰り返せば、それは欧米に裨益《ひえき》するからではないのか。だからこそＮＡＴＯの一員ではあってもＥＵからはじかれるイスラム世俗国家のトルコは産油国が加わっての「有志連合」の空爆には関与せず、シーア派のイランは形式的に空爆を非難した。

チェチェンなどイスラム過激派との内戦に痛い目にあっているロシアは当初静観し、中国も知らぬが仏という態度だったが、裏面では紛争地域にも鵺《ぬえ》的に武器供与を続けて死の商人ぶりを発揮していた。

「イスラム国」にとって米国はサターンだが、チェチェンを弾圧したロシアも敵であり、またイスラム同胞を弾圧し続ける中国の新疆ウィグル自治区のムスリムには深い同情を抱いており、いずれ彼らは攻撃目標に中国を加えるであろう。

かくして世界的規模の戦争がおこる蓋然性は高まった。産油国もまた欧米側に付かざるを得なくなった。

孫子を読んだことがないオバマ大統領

しかるに米国が問題なのである。

「軍事戦略に関してまったく理解がない」とゲーツ元国防長官は回想録でオバマ大統領をこき下ろした。ヒラリー前国務長官も自著新刊で、オバマ大統領とは明確に距離を置いた。CNNはオバマ大統領がヘリコプターから降り立つ際、コーヒーカップを持ったまま、片手で儀仗兵に敬礼したことを「礼儀知らず」と批判した。

九月二十八日にCBSテレビ「60ミニッツ」に出演したオバマ大統領は「アルカイーダの残

党であるＩＳＩＬがイラクから地下に潜り、シリア内乱に便乗して勢力を拡大したが、われわれの情報機関はこれを過小評価してきたうえ、イラク軍の防御の失敗を目撃し、これを過大評価してきたことを知った」として戦術の誤りを自らが認める発言をした。

孫子のイロハは、「敵を知り己を知れば百戦すべて危うからず」だ。

イラクからの米軍撤退は、イラク兵の訓練が遅れているとしてペンタゴンは強硬に反対してきた経緯があるが、オバマは軍からの提言を無視した。

この単純な原則を忘れて中東の新しいテロ組織に対応したのも、最初の米国の戦略が味方を増やし、可能な限りの「有志連合」というかたちにこだわり、同時に「地上への軍の投入はない」と限定的な枠組みを最初から設定したことだった。これらはアキレス腱を自らが敵に示したような失態である。

しかしオバマは同番組で「このテロとの戦いは単純に軍隊の介入によって解決できないのであり、ＩＳＩＬに加わっている勢力を分析すると、世代的な問題が潜んでおり、原因の根っこを押さえなければいけない」とした。一方、オバマは「有志連合には産油国からの参加があり、彼らが中国、ロシアに助けを求めず、米国に求めたことに注目して欲しい」とも発言した。

もとよりイランが最大の脅威と踏むサウジアラビアなど産油国は、ＩＳＩＬとの戦闘に加わったけれども、それぞれが別の政治的思惑を秘め、全体の「有志連合」の結束力は弱く、それそれが問題を抱えている。

　産油国ばかりかNATO加盟国でもイスラム信徒が多いフランス、ドイツなどはどこまで軍事介入するか、兵器供与だけに留めるのかという態度を不鮮明にせざるを得ないし、英国では厭戦気分が漂っている。

　カナダでは、二〇一四年十月、イスラム国の志願兵とみられる男が国会の建物に銃を乱射しつつ乱入し撃たれて死んだ。

　同年九月のフランス上院選挙ではオランド与党が敗北し、過半数を保守系がおさえた。移民排斥を訴えるルペンの国民戦線は初めて、上院に二議席を確保した。

　ケリー国務長官はオバマ大統領の空爆決定（九月十日）の直後からジェッダに乗り込み、産油国の指導者と会合を持った。アブドラ国王とは厳重な警戒、装甲車に囲まれた別邸で会談した。そこでサウジ国王から次の注文が付けられた。

「第一にＩＳＩＬはイランほどの敵ではなく、彼らとイランとの軍事力合体に注意して欲しい。つまりイランを直接巻き込むな」と釘を刺した。

　米国が熱心に産油国を回った最大の理由は国連安保理事会で、シリア空爆に賛成が得られないからだ。すなわちロシアと中国が賛成しない以上、国連軍としての対応ができず、戦闘参加、武器供与、人道支援の三つのカテゴリーで支援国を募った。日本は徹底的に人道支援グループであり、戦闘にも武器供与にも加わらない。

またイスラム各派の宗教指導者が、有志連合支持にまわるよう、政治的努力が必要だった。ケリーは急ぎ足の中東訪問を終え、九月十四日に一度ワシントンへもどり、オバマ大統領に報告した。

ケリーの中東歴訪で判明したのはエジプトが奇妙な笑顔で米国支持にまわったことだ。シシ大統領は引き替えに一層の軍事支援と経済援助を米国に要請した。その露骨とも言えるエジプトの要求にケリーは人権問題で多少の不満をのべただけ。

問題はトルコだった。トルコはNATOの要員でありながら「ユーロ」からは排除されていた。トルコは当時、四十九名の人質をISILに取られていたが（その後、全員解放）、最大の問題はシリア難民と、クルド難民合計百万人をトルコ国内にかかえ、経済的好況に深刻な影が差した。それで空爆の基地を貸すという条件をアンカラ政府は呑まなかった。そのうえISILの石油密輸ルートはトルコを経由しており（『TIME』、九月二十九日号）、事態は想像以上に複雑且つ輻輳している。トルコは反欧米という姿勢の転換を行っているのだ。

欧州もISILの脅威を認めるが、国内はいずれも反戦感情が蔓延していて、直接的な戦争へのコミットメントを避け、兵力を送らずにいる。つまり米国は一四年十一月の段階でも強い攻撃能力を持つ、指揮系統が一本化できる連合軍の組織化に成功していないのである。

中東の歴史の闇

ＩＳＩＬの跳梁跋扈は、中東における政治、暗闘、内ゲバ、内訌の血なまぐさい歴史と無関係ではない。筆者は十二世紀から近世にかけてのイスラム教過激派のカルト集団「暗殺教団」（アサッシン教団）のことをついつい連想してしまった。

世にアサッシン教団というのは、政敵へテロを行い、暗殺によって政局をかえたシーア派のカルト集団を意味し、大麻をすって暗殺に向かったという伝説が残る。中東の側面を象徴する奇妙な政治史である。

頃は十一世紀、八代目カリフ亡き後のイスマイル派は分裂し、ニザール派が形成された。当時、セルジュク朝はスンニ派。シーア派のイスマイル派はアラムート砦（イラン北方）などを奪取し、セルジュク朝と軍事的に対抗した。まさにシリア、イランの拠点を分散して支配するＩＳＩＬに似ている。

シーア派のイスマイル派から分派したニザール派は盛んに暗殺を繰り返して、セルジュク朝を脅かした。

やがて新しい指導者にサッバーフが登場した。ハシーシー（転じてアサッシンと表現する）

の本来の意味は「自己犠牲をいとわない」という精神的な忠誠であり、九代目カリフ時代から、新指導者サッバーフは十二世紀初頭から本格的にセルジュク朝に攻勢をかける。そして軍事的劣勢に陥ったが、セルジュク朝の皇帝が死去したため、陥落寸前に生き残る。急激に勢力を盛り返し、十二世紀に全盛時代となり、モンゴルが襲撃してくるまで命脈があった。

整理すると、イスマイル派が分裂したものがニザール派で、シリアに拠点を置くようになる。ハシーシーは先に述べた本来の意味から、大麻に転用され、つまりは麻薬を吸って恍惚となってから暗殺に向かう秘密カルト教団のような言われ方をされたのは近代になってからだ。十四世紀にダンテが表した『神曲』のなかで、アサッシン教団を「狡知に長けた人殺し」と比喩した。

この暗殺教団は十字軍にもさかんにテロ攻撃を仕掛けた。だからＩＳＩＬは、壊滅したかにみえたアルカィーダから分派した流れとなり、自己犠牲を恐れないジハードという神秘的信仰から、突撃を繰り返すのである。つまり、こうした戦法は孫子の世界を超えた、中東独自の宗教的世界である。

それにしても、なぜ多くの若者が短絡的にＩＳＩＬに結集し、決死の軍事行動にでるのか。欧米の政治学者やメディアの多くは「貧困と無知から、短絡的なアジビラに飛びつきやすく、狂信的ドグマにすぐに洗脳されるから」と分析しているが、もっと深い闇がよこたわっているのではないのか。

第五章

孫子最大の理解者は吉田松陰だった

吉田松陰は兵学者だった

現代人の吉田松陰への誤解は戦後の虚無的ともいえる非武装中立論、その乙女の祈りのような平和願望、あるいは国際社会から身勝手と批判される「一国平和主義」の悪影響からもきている。

なにしろ押しつけられた憲法を主権国家であるべき日本が依然として墨守しているばかりか「憲法九条にノーベル平和賞を」などとブラックジョークのような運動が組織される不思議な国である。

戦後、日本人の大半は孫子本来の意味も、吉田松陰が力説した間諜の重要性、つまり国家安全保障にとって基礎的要件であるインテリジェンスの意味も正しく理解できなくなった。日本はスパイ天国といわれるほど、情報が筒抜けの間抜けな国家となった。

孫子の反語とはまさに「敵のことを知らなければ戦いは必ず負ける」のであって、外交とは戦争のソフトパワーの戦場である原則を忘れた外務官僚が列強と交渉すれば、譲歩に次ぐ譲歩を重ね、結果的に日本の国益を著しく損なうのである。

かくも堕落した日本の惨状に至る元凶はＧＨＱが日本人を洗脳するためになした占領政策

（日本に武士道精神を復活させせない）にあり、日本の伝統を語り武士道を重視する書籍、思想書、政治論などおよそ七千冊が焚書処分された（くわしくは西尾幹二氏の『ＧＨＱ焚書図書開封』シリーズ、徳間書店を参照）。

これに便乗した日教組と左翼マスコミの画策によって吉田松陰は歴史教科書から消された。あるいはマスコミや歴史学者によって「右翼思想家」「国家主義者」などと骨の髄まで実像が歪められた。吉田松陰が神国日本を扇動した「ウルトラ・ナショナリスト」であり、右翼思想家で富国強兵を力説した軍国主義者だという短絡的反応が戦後の論壇や歴史学界を支配した。したがって昨今の吉田松陰論から次の項目がばっさりと抜け落ちている。

まず吉田松陰は兵学者だったことである。松陰が戦略的な発想のもと、国家百年の大計を考えていたという重要なポイントだ。防衛力強化を主唱してやまなかったことを無視する左翼的論客はもとより、軍事面を閑却する保守側の評論さえ胡散臭い。

松陰にとって『孫子評註』と『講孟箚記《さっき》』が代表作であるにもかかわらず、世にはびこるのは『留魂録』と辞世、その愛国心と松下村塾の教育方針とである。稀有の「教育者」という像を追うのも愛国心の烈々さを説くことも重要だろうけれど、いかにも「戦後的」であり、一面的である。

松陰は中国の古典を殆ど読み尽くしたが、最後にたどり着いた思想家は孔子ではなく孟子であり、そして李卓吾《りたくご》ら陽明学派である。当時、日本の学界の主流でもあったシナ学、すなわち中華思想への根底的懐疑をもとに、江戸時代のアカデミズムに蔓延《はびこ》った中華思想の害毒と闘った。

さらに吉田松陰は稀有な「孫子」の理解者だった事実が、何か不都合な事由があってのことなのか、戦後の松陰論から抜け落ちた。あまたある松陰伝記のなかで、例外は森田吉彦氏の『兵学者吉田松陰』（ウェッジ）くらいだろう。

松陰が松下村塾での講義録の最後に完成させた『孫子評註』は傑作である。それまでにも孫子は荻生徂徠《おぎゅうそらい》、林大学、新井白石、山鹿素行《やまがそこう》らが解題したが、松陰のそれは過去の業績を読みこなした上での集大成である。孫子の欠陥を網羅し、日本的誤解を糾弾した。その講義録は弟子たちが編纂《へんさん》し、死後に久坂玄瑞ら松下村塾門下生が出版し、『孫子評註』としたのである。最も影響を受けた一人は松下村塾の後期に学んだ乃木希典《まれすけ》だった。乃木は後年、自ら注釈をあらたに施し、松陰の『孫子評註』を校閲し私家版として出版した。これはのちに海軍兵学校で必読の書とされた。しかし戦後、こういう作品が在ったことさえ論じない松陰伝記が主流となった。

しからば松陰は孫子をどう見ていたか。

敵を知り己を知るために死活的な国家戦略とはインテリジェンス、すなわち敵の情報を正確

孫子最大の理解者だった吉田松陰（東京世田谷の松陰神社）

に入手し、対策をたてるための「間諜」の重要性であり、国家が死ぬか生きるかはすべて軍隊の充実と情報戦争にあり、的確な情報を速く入手するばかりか、それを正しく分析し、武器として情報心理戦を戦うとするのが、じつは孫子の肯綮《こうけい》、吉田松陰はそのことをいち早く見抜いていた。

蓋《けだ》し孫子の本意は彼れを知り己れを知るに在り。己れを知るは篇々之を詳《つまびら》かにす。彼を知るの秘訣は用間にあり、（後略）

（松陰『孫子評註』）

つまり敵の実情を知り、己の実力を客観的に比較できなければ戦争は危ないが、敵の情報を知るにはスパイを用いることであると強調している。スパイというと戦後の日本ではたいそう聞こえが悪いが、インテリジェンスのことである。

戦後の日本がまったく忘れてしまったインテリジェンスと国防力強化、これが国家に枢要な課題だと吉田松陰は力説したのだ。

間諜とはインテリジェンス

松陰は「間諜」という語彙を使った。今日の概念に言い換えれば諜報、防諜、攪乱工作、陽動作戦、広報宣伝、偽造書類、逆宣伝などを総合するインテリジェンスである。

今の日本には総合的な情報戦略が不在、したがってマスコミにも言論人にもインテリジェンスの重要度がなにほどにも認識されていない。

ともかく本書第一章でも書いたように、「情報」はインフォメーションだけではなく、あらゆる諜報活動を包括する「インテリジェンス」と表記したほうが良い。この二つを分けるのではなく、インフォメーションはインテリジェンスに総合的に包摂される。

インテリジェンスの重要性を説く吉田松陰は野山獄で綴った『幽囚録』冒頭の自序にまず次のように述べた。

是の時に方りて、万国の情態形勢を察観し、之れが規画経緯を為すに、図を按じ筆を弄して空論高議する者、固より此処に与にすることを得ざるなり。吾れ微賤なりと雖も、亦皇国の民なり。深く理勢の然る所以を知る、義として身家を顧惜し、黙然座視して皇恩に報ぜんことを思わざるに忍びざるなり。然らば則ち吾れの海に航せしこと、あに已むを得んや。

いま、事躓き計敗れ、退きて図を按じ筆を弄して空論高議する者と流を同じうす、何の羞恥かこれに尚へん。昔吾れ史を読みて、敏達帝日羅を召還したまふに至る、欣躍して謂へらく、国復た盛んならんと。其の賊に害せらるるに及んで、覚えず慟哭す。後の此の文を読む者、安んぞ其の欣躍慟哭、吾れの日羅に於けるごときことなきを知らんや。

甲寅冬　　二十一回猛士藤寅録

（この国家の非常時に世界の情勢を調査し、対策を緊急に考慮するべきときに何も真摯に応ずることなく、無意味な空論を論議している輩《やから》とは行動をともにできない。わたしは卑しき身分とはいえ皇国の民草《たみぐさ》、なぜ祖国がこのような危機に陥ったかを理解しているゆえ黙って見過ごすことはできないのだ。だから下田でアメリカの艦船にのりこみ外国へ諸情勢の偵察に行こうとしたのである。

しかし計画は失敗し、獄にあって荏苒《じんぜん》時を送るが、これでは無駄な議論をしている連中と変わらないことになってしまった。恥ずかしい。嘗《かつ》て歴史の学んだことは敏達《びだつ》天皇が日羅を召還されるに及び、これで日本は復活すると踏んだが、途中で日羅は殺害されたことを知り号泣した。後世の読者が同じ体験をしないと誰が言えるのか）

情報戦略の不足は次の大きな誤断を生みやすい。
吉田松陰は間諜を重視し、また諜報戦略の確立を日本は急ぐべきだと主張した。

軍の間を用ふるは、猶ほ人の耳目あるがごとし。耳なくば何を以て聴かん、目なくば何を以て視ん。軍に間を用ひずんば、何ぞ独り視聴のみならんや。我れ固より之を用ひ、彼れ亦之を用ふること、軍の常なり。故に善く戦ふ者は、我れの之を用いること至らざるを憂へて、彼れの之れを用ふるを恐れず。今は則ち然らず。宜しき間を彼れに用ふべきに、而もその国事を漏らさんことを慮りて敢えてせず。彼れ間を我れに用ふ、我れ宜しく留めて以て反問となすべきに、而も其の国情を窺わんことを懼れてなさず。嗚呼、なんぞ其れ惑へるや。我れ実ならんか。彼れに百の間ありと雖も亦我を如何せん、却って其の心を攻め、其の課を阻むに足るなり。我れ虚ならんか、彼に一の間なしと雖も我れ安ぞ能く永く存せんや。我にありては然らず、強者、間を用ひざれば、宜しく趨くべき所を知らず、弱者、間を用ひざれば、宜しく避く所をしらず。今、人あり、己れの聾瞽《ろうこ》なるを憂へずして人の視聴を恐れなば、人将た之れを何と謂はん。

（『幽囚録』）

（戦争でスパイを駆使するのは耳や目を使って敵情を把握すると同じで、それがなければどうやって情勢を掌握できるのか。戦争でスパイを使わないのは初めから戦争の原則を知らず、敵味方はお互いにスパイを駆使するのは当然のことである。戦争に長けていれば当方からスパイを送らないことを案じるが敵のスパイが潜入することは恐れない。ところが日本はいま、スパイを外国に放つべきを放たず、日本の国情が漏れると恐れ、外国のスパイがきているが、これらを逆スパイとして日本は使えば良いのだ。日本の機密が漏洩することを恐れて間諜工作をしないとは何事ぞ。もし日本が国力に富み、外国が百人のスパイを送り込んできても日本が何を為すべきか。こちらが敵国を攻め謀略を食い止めることができる。もし国力に劣り、外国がひとりもスパイを送り込んでいないとしても、いつまでものんびり過ごしているわけにはいかない。強国はスパイを使って何処を攻めるかを探り、弱国は逃げ場所を探すが、それさえもできない。自分がかりに聾唖《ろうあ》者であって、他の人がものを見たり聞いたりできるのをうらやんでばかりでは、もはや済まされないのである）

「戦略論」の不在

吉田松陰が憂いた国家百年の大計の不在、つまり戦略論の不在は外交目標を曖昧としてしまう。だから日本には国益に基づく外交が不在となり、理想ばかりを追求する国連中心主義に陥った。

自衛隊はセルフ・ディフェンス・フォースだが、諸外国の軍人からはセルフィッシュ・ディフェンスとからかわれる。外交は自立自尊の国益を求めるものだが、「日本の外交はフォーリン・ポリシーではなく（米国への）フォローイング・ポリシーだ」とかつて台湾総統府で安全保障担当補佐官だった司馬文武に指摘されたことがある。

どだい外国から押しつけられた憲法を今も墨守する国家が、戦略を持たないのも当然といえば当然だろうけれども。当該の憲法には、その国の戦略が現れるものであり、対外向けマニフェストの表明、いつまでも墨守している日本は異様な国家という印象になる。

幕末維新のおり、戦略論は武士の間に流行した。会沢正志斎『新論』、佐藤信淵《のぶひろ》『混同秘策』、坂本龍馬『船中八策』、横井小楠、藤田東湖、佐久間象山……。

これらに啓蒙され、全国に草莽の志士が立ち上がり、新政府樹立後は国家百年の大計をもとにして帝国憲法発布までの間に諸政策が実行され、道義を尊ぶ武士道国家が新しく生まれ変わった（詳しくは拙著『吉田松陰が復活する！』（並木書房）を参照）。

孫子は戦略論であるが、戦術論として応用され、幕末維新でもよく読まれたことは述べた。

しかし歴史的展望にたつと、いったい孫子はどのような位置をしめているだろうか。

ヘロトドスの『歴史』からトゥキディデスの『戦史』まで古代ギリシアにも戦略を論じる名著が多い。

「トゥキディデスの罠」とはペロポネソス戦争が雛形となり、新興都市国家の競争過程で新興のアテネが強大化してゆくとともにスパルタを狙い、周辺国を巻き込む大戦争に発展していく。

アテネはアゴラを中心として議会があり、諸派が対立し、政策決定の過程で戦略が大きく歪められてゆくプロセスをトゥキディデスは叙述した。民主国家の論争こそが、アテネの戦略を袋小路に追い込んだ。いかに民主国家といえども指導者のリーダーシップが大切かを、その重要性を力説した。

近代でも孫子の戦術論は古典という評価が主流となり、世界中の軍学校で必読書ではあるが、武器が発達し、戦場は世界的規模から宇宙への広がりをみせ、戦術の本質を論ずるにはテキストとなりうるものの応用となると時代遅れの部分が多い。

プロシアの軍人でナポレオン戦争を戦い、のちに陸軍学校校長になったのがクラウゼヴィッツ。その『戦争論』は世界の古典、誰もが手に取る名著であり、世界中で翻訳が出た。日本で最初にクラウゼヴィッツを講義したのは文豪・森鷗外である。鷗外がドイツ留学中のこと、帰国後、その翻訳を主導したとされる。

クラウゼヴィッツは国家の目的があって、その手段として戦争があり、すなわち「戦争は政治のひとつの表現形態」と位置づけた。平和とは戦争と戦争との間に横たわるつかの間の休息時間であるとして政治、軍事、国民の三位一体説を説いた。クラウゼヴィッツの戦争論は後にレーニンと毛沢東も愛読した。

近代の戦略論はマッキンダーが唱えた「ハートランド」論に代表され、やがて英国が世界の七つの海を支配し覇権を打ち立てると、マハンが『海上権力史論』を書いた。シーパワーの論理的戦略論の登場であり、さらに核兵器が地球の裏へ飛び交う時代にはコリン・グレイの『核時代の地政学』へと発展する。

筆者はかつて、マハンの海上権力史論を応用したシーパワー建設を急ぐソ連の海軍戦略を分析したロバート・ハンクス米海軍中将の『ソ連の海洋戦略』（学陽書房、絶版）を翻訳したことがある。マハンの説く海上覇権とはマラッカ海峡など世界の海洋のチョークポイントを効果的に抑えるという海の地政学である。米軍の空母艦隊の発想は英国の七つの海の支配を空軍基地を移動させることによって補完し、ソ連はついに戦略を途中で放棄し、いま中国海軍がこれにならって海軍力の拡充を急ぐわけである。

米国で今もマッキンダーの地政学が基礎的に重視されるのはハートランドを抑えた国が覇権を握るというナポレオン以来の近代的な考え方を下敷きとし、人工衛星を無数に打ち上げた米国にとっては宇宙空間のハートランドは太陽系という考え方に基づいている。

現代国際政治の戦略論を代表するのはリデル・ハートである。彼の称えたグランド・ステラテジー（大戦略）と、正面衝突の戦争ではなく、徐々に敵に棘を刺しながらする「間接的アプローチ」によって敵戦力の弱体化を計るというノウハウ、これが現代版の孫子である。

この間接的アプローチという方法がキッシンジャーに大きな影響力をもったことはよく知られる。

リデル・ハートはその『戦略論』にいう。

勢力均衡の変化を待つために、敵に打撃を与える冒険的軍事行動より、敵を棘で刺し、弱体化させ、時間をかけながら敵戦力の枯渇を狙う。つまり敵戦力の補給線を攻撃し、敵兵力に撃滅あるいは不均衡な軍事バランスへと変化させ、敵兵力を分散させ、しかも敵の精神的肉体的エネルギーを消耗させる。

日本ではしかしながら保守陣営の間にあってさえ吉田松陰をこえるような戦略論が不在である。もっとも「戦術兵器」はあっても、戦略的兵器システム（空母、原潜、ＩＣＢＭ、長距離爆撃機など）を持たない日本に次代を画期する戦略論を求めるのは、まだ無理がある。

そして『超限戦』の幕開け

いや、次世代戦略論はむしろ中国が先行している。この驚くべき事実に留意しておく必要がある。

中国の軍人が書いた『超限戦』（邦訳は共同通信社）は米国国防総省が密かに翻訳し、軍の幹部学校でのテキストに使うために版権内諾を中国に要請したというほどに現代版孫子だが、実に瞠目すべき問題点を鮮やかに指摘している。

中国軍の戦略研究家らは現代の戦争の仕掛け人にテロリスト、ファンドマネジャーを対等に扱い、ビン・ラディンとジョージ・ソロスが同列であり、オウム真理教の麻原彰晃も麻薬王のエスコバルも、「新しいルールのない戦争の担い手」であると一見珍奇な、それでいて斬新なことを言ってのける。

その論点はこうである。

現代技術と市場経済体制によって変わりつつある戦争は、戦争らしくない戦争のスタイルで展開される（中略）軍事的暴力が相対的に減少する一方で、政治的暴力、経済的暴力、技術的暴力が増大していくに違いない。しかし、いかなる形の暴力であれ、戦争は戦争である。

したがって、「あらゆるものが手段となり、あらゆるところに情報が伝わり、あらゆるところが戦場になりうる。すべての兵器と技術が組み合わされ、戦争と非戦争、軍事と非軍事というまったく別の世界に横たわっていたすべての境界が打ち破られるのだ」。

これをアメリカは理解していないと中国軍人らは強調する。即ち、「人為的に操作された株価の暴落、コンピュータへのウイルスの進入、敵国の為替レートの異常変動、インターネット上の曝露された敵国首脳のスキャンダルなど、すべて兵器の新概念」となるとして、こうした新技術の組み合わせによる、従来にない戦争を「どの軍事思想家も究極の戦場概念を作り上げないうちに、技術はすでに現代の戦争をほとんど果てしない領域に広げていた。宇宙には人工衛星があり、海底には潜水艦があり、弾道ミサイルは地球上のどこにでも飛ぶことができ、目に見えない電磁波空間の中で電子の戦いがおこなわれつつある。人類の最後の避難所である心の世界さえ、心理戦争の打撃を避けられない」。

しからば、彼らは孫子を如何に総括しているかというと、「古い概念」であり、現代に適用できる範囲は狭いが、基本を応用する価値は今も十分あるとして、孫子の「兵に常勢なく、水に常形なし。能く敵に因りて変化して勝を取る者は、これを神と言う」として、変化への対応を説くのだ。

つまり戦争の主体は国家ではなく、有志連合、国連、連合国という独立国家の寄り合いであるときもあれば、国際機関であるという特徴的変化があり、純軍事の側面から逸脱して、ジョージ・ソロス、ビン・ラディン、麻原彰晃に加えて、ケビン・ミトニック（ハッカーの天才）を同列に置くのだ。

そして、かく定義する。

「人類の歴史と同様に古い領土紛争、民族紛争、宗教衝突、勢力範囲の分割などが、相変わらず人間が互いに武力に訴える大きな要因になっている」のだが、こうした伝統的要因に加わってくるのが、「資源の強奪、市場争奪、資本の統制、貿易制裁などの経済的要素とますます絡み合い」、新しい戦争の形態となったとする。したがって彼らにとっても「孫子は新しくて古い」のである。

「孫子とクラウゼヴィッツでさえ自分を軍事領域の檻の中に閉じ込め、マキャベリだけがこの思想の空間に迫っていた。（中略）すべての限度と境界線を超えることこそ、軍事思想革命を含む思想革命の前提だということを、知るはずがなかった」と手厳しい。

具体的に新形態とは、「敵国に全く気づかれない状況下で、攻撃する側が大量の資金を秘密裏に集め、相手の金融市場を奇襲して、金融危機を起こした後、相手のコンピュータシステムに事前に潜ませておいたウイルスとハッカーの分隊が同時に敵のネットワークに攻撃を仕掛け、民間の電力網や交通管制網、金融取引ネット、電気通信網、マスメディア・ネットワークを全面的な麻痺状態に陥れ、社会の恐慌、街頭の騒乱、政府の危機を誘発させる。そして最後に大軍が国境を乗り越え、軍事手段の運用を逐次エスカレートさせて、敵に城下の盟の調印を迫る」（以上の引用は喬良・王湘穂著、坂井臣之助監訳『超限戦』、共同通信社）という段取りになるとする。

孫子はこうも言った。

「凡そ戦いは、正を以て合し、奇を以て勝つ」。

これが孫子にいう「戦わずして人の兵を屈する」の現代的応用となるのである。

他方、「イスラム国」のテロを極度に警戒する米国では、二〇一四年十月二十九日、ヘーゲル国防長官（当時）が会見し、「リベリアに派遣されている米軍兵士は、帰国後二週間程度隔離する態勢をとる」と述べた。

エボラ・ウイルスの流行はすでに一万三〇〇〇名の患者があり、死者五〇〇〇名の猛威をふるっている。アフリカ西海岸のリベリア、シオラレオネなどが発生地だが、グローバルな現代世界では航空機により、たちまち世界的に伝染する恐怖がある。

米国に患者が発生したことで米国はパニック状態に陥った。これは9・11テロ直後の「炭疽菌」テロ騒動に似ている。米軍は異常とも言える「臨戦態勢」を敷き、予備役を招集し、さらに四〇〇〇名の軍隊医療チームを現地にも派遣し、医療テントなどを設置し隔離施設を建設した。

エボラはサリンガスを作ってテロを行った日本のカルト集団のおりにも云々されたが細菌兵器になりうる。日本のサリン騒動に重大な関心を寄せ、専門家を派遣してきた米国が、細菌兵器がテロリストに渡った場合の恐怖のシナリオへ（つまり、これが中国の言う「超限戦」である）の対応策を日頃から検討しているのである。

エピローグ　孫子を超えるか？　日本外交

戦略はそもそも矛盾に満ちている

「汝、平和を愛するなら戦争に備えよ」との格言は古代ギリシアから言い伝えられてきたが、誰もが覚えやすい名言とはいえ、これは矛盾である。

戦略とはそもそも論理的には矛盾しており、その最たるものが孫子ではないのか。

孫子の国の末裔である毛沢東は大いに孫子を愛読し実践したが、マルクスの革命理論からはほど遠く、中国の歴史によくある権力闘争を勝ち抜いた狡猾さと残酷さに徹底したからこそ政権を握ることができた。つまり明の朱元璋がそうしたように、皇帝になるや苦労して構築してきた闘争、夥しい血を共有した功臣と忠臣を次々と誅殺した。

毛沢東はライバルを謀略で陥れ、革命の真の立役者だった朱徳《しゅとく》、彭徳懐《ほうとくかい》、林彪《りんぴょう》、劉少奇《りゅうしょうき》らを冷酷に葬った。権力のポチ＝周恩来に対してさえ恐怖で手なずけ、それでも忠義に励む周恩来を究極的には信用しなかった。

鄧小平は右腕の胡耀邦を切り、左腕だった趙紫陽を切り、持ち上げてさんざん利用した楊尚昆兄弟を最後には冷酷に使い捨てた。この路線を踏襲する習近平は、「いつでも戦争が出来る準備をせよ」と軍に命じつつ、対外的には「中国の平和路線」と矛盾したことを平気でうそぶき、権力を固める。

本文中でも触れたように孫子を崇拝していたかに見える武田信玄とて、その『甲陽軍鑑』には「唐より日本へ渡りたる軍書を見聞たる斗《ばかり》にては、人数を賦《くばり》、備えをたて、陣取りをとりしきり、堺目の城構えよき軍法を定むる事、成りがたくおぼえたり」とあって孫子の限界を正確に指摘している。『甲陽軍鑑』では「一に魚鱗、二に鶴翼、三に長蛇、四に偃月、五に鋒矢、六に方匂、七に衡軛、八に井千行、之良きと申しても日本にては皆合点仕《つかま》らず」と明記しているのだ。

現代人で世界的に著名な戦略研究家のエドワード・ルトワックは『戦略論』（武田康裕、塚本勝也共訳、毎日新聞社）のなかで冷静かつ客観的に、しかも平然と孫子の応用の限界、その矛盾とを指摘し、あまつさえ戦術論にいたっては甚だしく時代遅れ、基本的な戦略の部分だけが重要と適切な批評をしている。しかしそれらはすでに数百年前に山鹿素行が、新井白石が、そして吉田松陰が鋭く指摘したところである。

孫子の特徴としてルトワックが挙げるのは、「国策や高度な戦略に焦点をあてたものや、戦争の戦術や詭計（軍略）にほぼ傾注しているものもある。『孫子兵法』の最大の長所は、普遍的でかわることのない戦略の逆説的論理（戦わずして勝つ、など）を、古代ギリシアの風刺詩へラクレイトスよりも分かりやすく、カール・フォン・クラウゼヴィッツの『戦争論』よりも全体的に簡明な形で示している点にある」と総括する。

そのうえでクラウゼヴィッツの戦争論は原理から一歩一歩理詰めに説いて行く卓抜な手法に対して、孫子は「殆どが深淵な処方箋で構成されている」からだと皮肉っているのである。

孫子の末裔たちの哀れな物質主義と無神論

大方の日本人は葬式以外、日常生活で宗教を信じていない。

ところが無神論かといえばそうではなく、正月には神社へお参りし、お彼岸には墓参りを欠かさず、葬儀は仏式が多く、しかも若者らは流行病《はやりやまい》のようにキリスト教会で結婚式を挙げながらも合格祈願、病気治癒祈願では神社への参拝を欠かさない。その多彩な宗教的行為に何ら矛盾を感じていない。日本の精神の土壌が多神教である所以だろう。

筆者が思い出すのは歴代総理のご意見番として経済政策を建言してきた木内信胤氏のことである。氏は宗教の研究家でもあり、著作の多くの行間には宗教的色彩がでてくるのだが、けっきょくは無神論だった。夫人がキリスト教徒だったので、葬儀はキリスト教で営まれたが、氏の本意ではなかっただろうと推測できる。木内氏の晩年十年間ほど、毎月一回、氏主宰の勉強会があって筆者も末席を汚し毎回出席した。

ある時、木内氏が「『聖書』のなかで、これはという箇所は一つだけ。それは『山上の垂訓』である」と言われた。

法華経も読みこなし、禅の哲学にも通暁されコーランから仏教の経典を読まれていた木内さんならではの名言と、今も鮮明に覚えている。

キリスト教の説く愛は、友のために国のために死ぬ崇高さである。

キリスト教はローマに伝わってから本来の愛を語り、人を殺すなとした教えが変質し、ほかの価値を認めようとしない独善的一神教となって、「右手に愛を」「左手に武器を」もって侵略の野心を剥き出しに世界各地に布教と征服を行い、植民地を経営して民を野蛮に奴隷としてこき使い、富を搾取し、凶暴の限りをつくした。これは本当にイエス・キリストの教えなのだろうか？

翻って日本人の信仰はと問えば、仏教と神道が渾然一体となった多神教と総括される、所謂《いわゆる》「日本教」である。

その精神的土壌と独特の伝統、武士道の美意識から「名誉をけがされれば切腹する」「捕虜の辱めは受けず」、そして玉砕と特攻の精神がはぐくまれた。こうした発想は孫子にはない。

世界史をひもといても玉砕はユダヤ人がローマ侵攻軍と最後まで戦って玉砕したマサダ砦と米国ではデビー・クロケットらのアラモ砦の死闘しかない。ユダヤ人には明らかにこの「マサダ・コンプレックス」がある。アラモはジョン・ウェイン主演の映画になってアメリカ人の琴線に触れた。

日本では至る所、玉砕がある。レイテ、サイパン、アンガウル、インパール、硫黄島。ソ満国境。

名誉をけがされれば自死を撰ぶという発想は古代ローマの武士にもあり、シナ大陸でも『礼記』にちゃんと書かれている。屈原も李卓吾も自決の道を選んだ。

徳、仁、勇、義などを教えた孔子、正統を説いた孟子、自然に生活をせよと教えた老荘思想。しかし、世界で初めての哲学を生んだシナ大陸に孔孟の教えは書物にしか残らず、シナ大陸に暮らす人々は豁然としてその民族的性格が変わった。徹底的に現世の御利益しか求めず、あの世を信じない、したがって物質を愛し、人間性をうしなった拝金主義に暴走する国民性が形成され、この文脈から孫子が読まれるのだ。

このポイントは重要である。すなわち中国人もまた孫子を身勝手に解釈して読み、それを誤って応用しているのである。

しかも「孫子」十三篇どこを捜しても、「友のために死ぬ崇高さ」も「国のために死ぬ」という美意識も見あたらない。繰り返すけれど、玉砕、自刃、特攻がない。

孫子は愛も人徳も理想も軽視され徹底的に騙しの戦術を教唆している。その生き方は共産革命後の中国人指導層に普遍的で、彼らには騙しのテクニックと詭弁術が生来のお家芸であっても、至誠が通じないことを改めて留意しておきたい。

楠木正成は孫子を重視したが、作戦には応用しなかった

最後に孫子が日本人の感性に合わない原因の一つとして日本史に燦然と輝く英雄のことを振り返ろう。

日本歴史の英雄の中でも後醍醐天皇を守るために足利軍の赤坂、千早城攻撃を撤退的に悩ませた楠木正成の事例を思い出そう。

後醍醐天皇が笠置山に義挙の烽火を挙げた。神秘に包まれた儀式、宇気比《うけひ》によって「鎌倉幕

府打倒」を掲げての挙兵に応じたのは日野資朝と日野俊基の二人だった。山伏に姿をかえて近畿一帯を歩き、地方の豪族を説き伏せた。当時の地侍というのは豪族というよりも「悪党」と呼ばれ、それは現代日本語の意味する凶暴な匪賊ではなく水利を司る武装集団だった。なかでも河内から駆け参じたのは楠木正成だった。

強大な鎌倉幕府の専横と横暴に誰もが不満を抱きながらも、正面から軍事的挑戦をなそうとする蛮勇の侍は不在だった。その境遇をあえて無名の豪族が名乗りを上げ、河内の赤坂、千早城に挙兵し、大胆で意表を突く兵法を繰り出し鎌倉幕府を弱体化させた。

楠木正成は元弘元（一三三一）年九月に、下赤坂で挙兵し「湊川の戦いにおいて四十三歳で戦死する延元元年（一三三六）五月二十五日までの五年間にわたる『大楠公の戦歴』こそが、南北朝動乱の歴史の本体をなしている」と兵学研究家の家村和幸氏は（『兵法の天才　楠木正成を読む』、並木書房）のなかで力説している。

楠木正成は「難攻不落の千早城を築き上げた。千早城の攻防戦では、敵兵を引きつけてから巨石や丸太を転げ落とす、熱湯や糞尿を浴びせる、敵がよじ登った塀ごと谷底に崩れ落ちるなど、数々の奇抜な戦法を駆使して、五十倍の鎌倉幕府軍による攻城を七十余日も食い止めた。（中略）天下の形勢は一変した」。

この楠木正成の兵法は大江家の第四十一代大江時親が教えた。『孫子』と『闘戦経』の二つを楠木正成に伝授されたが、『孫子』は、「必ずしも日本の歴史・文化や風土に根ざした民族性に合致したものではなく、自然と一体感、正直、勤勉、誠実、勇気、協調と和、自己犠牲の精神などのような古来日本人が尊重してきた精神文化を損なうおそれすらある」（同前）として楠木正成は『闘戦経』のほうを好んだ。

その華々しき戦闘方法は以上の経緯を経て日本的な戦闘方法が実現された。

それなら日本的兵法を説いた『闘戦経』とは何か？

日本で数少ない解説書が家村和幸編『闘戦経　武士道精神の原点を読み解く』（並木書房）にしたがうと孫子は覇道、勝つためには何をやっても良い。騙すテクニックが書かれており、これは日本人のマナーとはあまりにも異なっている。つまり孫子は日本の武士道とは天地の懸隔がありケミカル・リアクションがなかった。和を尊ぶ我が国の風土、人情と肌合いがあわなかったのである。

九百年前に孫子を止揚した日本的武道、戦略指南書が『闘戦経』である。

孫子は詭道を重視しているため日本人が生来持つ精神的崇高性や美徳を損なうため、『闘戦経』が孫子を補った。日本的兵法であり、これを拳々服膺したのが楠木正成だった。

孫子のヨーロッパ版はマキャベリ『君主論』、クラウゼヴィッツ『戦争論』があるが、基本は社会基盤が一神教であることと深い関係がある。「戦争と戦争のあいだのつかの間の休息が平和」

（クラウゼヴィッツ）という発想になりがちだが、「今、世界を席巻している西欧的、一神教的な思想や価値観ではこの『戦争』は永遠に終わることがないだろう。なぜか、それはこの思想の価値観が『唯一絶対の善』と『唯一絶対の悪』の存在を前提として、これを人間社会に実現しようとするものだからである。しかし、強くもあり、弱くもある人間には『絶対の善なる個』も『絶対の悪なる個』も存在しない。存在しないものを存在すると信じ込ませるものは偽りである」（同前）

『闘戦経』はかく言う。

――軍なるものは進止ありて寄正なし

――兵者は稜を用ふ

――儒術は死し謀略は逃る。貞婦は石となるを見るも、未だ謀士の骨を残すを見ず

明らかに孫子を否定していることが明瞭である。思えば日本的なるものの価値観は明治維新からこの方、とりわけ戦後長きにわたって顧みられなかった。武士道は捨て去られて顧みられず、すべては欧米の価値観、西欧の文化崇拝が蔓延し、日本の伝統は廃れた。

「武士は『太平記』の時代から『義』を重んじてきた。だが『仁』『義』とは何かとなると、

なかなか概念規定できない（中略）、儒教的倫理が本格的に武士道に含まれるようになったのは武士が活躍の場を失い、天下泰平の江戸時代に入ってからである」（黄文雄「日本武士道の心と魂」、『新日本学』平成二十一年秋号）。

その江戸時代に日本は文化の絶頂をきわめ、西鶴がでた。芭蕉がでた。日本文化繚乱《りょうらん》の時代は戦国の表裏である。茶道が流行し、教養人は誰もが歌を詠んだ。仏教音楽の最高峰は声明《しょうみょう》である。除夜の鐘の音は、どんな欧米のオーケストラにも引けを取らないほどに美しい。絵画をみても日本の浮世絵はフランスの絵描きたちに深甚な影響を与えた。江戸の思想家は世界の哲学の高みに伍せる。

楠木正成は湊川で戦死するまで各地で赫々たる戦歴を残した。

筆者は正成の籠もった千早城へも笠置山へも、むろん湊川から四条畷へと旅を重ねたことがある。後醍醐天皇が流された隠岐《おき》の島、そして吉野へも足跡をたどった。千早城はあまりにこぶりの山城で「えっ、本当にここで『太平記』に描かれたような戦闘があったのか」、難攻不落の城って本当の話か伝説かと思ったほど小規模な城塞跡しか残っていない。

三十年ほど前の秋の或る日、吉野の駅から拾ったタクシーに「後醍醐天皇の墓へ」というと、「あ、皇居やね」と返答されたときには驚いた。吉野では後醍醐天皇の御座所は「皇居」と呼ばれるのである。

湊川で楠木正成は僅か七百の手勢で足利尊氏の軍勢と戦い、激闘・死闘を繰り返した。

建武三（一三三六）年五月、いちどは都落ちした足利尊氏、九州で武装を改めて軍勢を立て直し、こんどは怒濤の進撃で山陽道を駆け上がってきた。その足利尊氏軍、実に十数万。こなた楠木正成の軍勢、僅かに七百。

新田義貞が総大将の朝廷方は兵庫に陣を敷いたが、この程度では足利に敵わないため、尊氏と和睦するか、または都を捨てて一度、比叡山に籠もり、京に足利軍を誘い込んで撃つべきと楠木正成は後醍醐帝に申し述べたが、聞き入れられなかった。そこで正成は最期を覚悟して湊川へ旅立つ。湊川で防戦し、可能な限りの時間を稼いで主力の新田軍をすみやかに後醍醐帝のもとへ帰還させる戦術でもあった。

途中、桜井において楠木正成は嫡子・正行を呼び寄せて言った。

「お前は河内へ帰れ。父と共に戦死するより、我が戦死のあと、帝のために身命を惜しみ、忠義の心を失わず、一族朗党一人でも生き残っていつの日か必ず朝敵を滅せ」として「七生報国」の重要性を諭した。霊魂と魂を信じていなければ七生報国などという概念は通用しない。正成は正行に、形見として後醍醐帝から下賜《かし》された菊水紋の短刀を授けた。

それが「櫻井の別れ」の名場面、大楠公と小楠公が涙の別れをする。

戦前は国民教科書に必ず書かれ、小学唱歌として歌われた。楠木正行も後年、四条畷に足利軍を迎え華々しく散った。孫子には、この「玉砕」、「自刃」、「散華」という項目はまったくない。「至誠」も言及されていない。したがって今の中国人は玉砕、特攻が理解できない。

静かに動き出した日本の戦略

安倍首相の「真珠の首飾り打破外交」はミャンマーから始まった。これぞ日本外交のものいわぬ戦略である。

中国のアジア外交は「真珠の首飾り」と呼ばれ、アジアを中国の覇権のもと、勢力圏に強引に組み入れようとして、そのあまりの野心剥き出しのやり方は各国から反発を生んだ。マッキンダーとマハンを縫合したような、適宜的な戦略の実践である。

他国の領土を掠め、軍事施設を構築したスプラトリー諸島からパラセル諸島にかけて中国海軍が頻度激しく出没するようになり、ベトナム、フィリピンを筆頭に、豪やインドネシアも、むしろ日本が米国を後ろ盾にすすめる「自由と繁栄の弧」の路線支持に傾いた。

アジア、アセアン（十カ国）歴訪の安倍首相に対して、反日メディアの「朝日新聞」がいうような「過去の反省」を求められず、殆どの国が日本の積極的関与を評価したのだ。

その象徴的出来事が二〇一四年五月にシンガポールで開催された「シャングリラ対話」だった。基調演説の機会は安倍首相に与えられ、航海のルールの遵守を訴えた。ヘーゲル米国防長官（当時）は中国を名指しで批判するほどだった。中国は出席軍人らが中華思想丸出しの反発を示したものの、自らの四面楚歌ぶりに気がついたのである。

日本の外交への評価が変わったのはミャンマーからだった。ミャンマーへは過去の累積債権五〇〇〇億円をチャラ（史上空前の徳政令かも）にして差し上げた上、新しく九一〇億円を援助し、ヤンゴン郊外の港付近に日本企業専用工業団地を造成する。安倍首相はヤンゴン訪問のおり、この現場を視察した（詳しくは拙著『世界から嫌われる中国と韓国　感謝される日本』、徳間書店を参照されたい）。ヤンゴンには日本食レストランも多く、現在、日本企業の進出ラッシュが続いている。

中国はこれまでミャンマーを自分の子分と認識してきた節がある。というのもミャンマーの南北を縦貫するガス・パイプラインはすでに稼働しており、幹線道路建設を始め、殆どのミャンマー援助は中国がなしてきた。第二の都市マンダレーは雲南華僑の街であり、金融と流通は華僑が支配してきた。

ところがオバマのアセアン首脳会議における「ピボット」（軸足の転換＝アジア重視）発言直後、突然のクリントン国務長官（当時）のヤンゴン訪問があり、西側の制裁は中止された。

直後にミャンマーは中国が進めていたダム工事を中止した。爾来《じらい》、ミャンマーと中国の関係は冷え切り、二〇一四年十一月、ミャンマーにおけるアジア首脳サミットへの李克強首相訪問まで、実は口もきかない冷たい関係になっていた。

日本の静かな戦略行使はアセアンに次いでインド経済圏へ向かった。

第一に安倍首相は二回インドを訪問した。

第二に東隣のバングラデシュに歩を進め、安倍首相のダッカ訪問では六〇〇〇億円もの経済支援という大盤振る舞い。これはミャンマーへの支援に匹敵する。バングラデシュは次期国連安保理事国への立候補を辞退し、日本に譲った。

バングラデシュへも中国企業の進出めざましく、港湾整備、空港建設などのほか、首都には五万人規模のチャイナタウンを建設中である。「バングラの東大」と言われるダッカ大学にはマオイストが猖獗《しょうけつ》している。湿地帯のダッカに大きな橋を架けているのも中国の援助による。バングラの繊維産業の半分は中国資本で、中国が雇用している女工だけでも軽く百万人である。対照的に日本企業の進出はあまりにも少なく、商業看板はおおかたが中国語併記である。オートバイ、テレビなど殆どが中国製で溢れる。

しかしバングラデシュは一九七一年独立の時から親日国家であり、その国旗は日本の日の丸を模倣して色を変えただけということが歴然としている。ハシナ首相は父が建国の父ラーマンである。そして日本は空前の六〇〇〇億円のバングラデシュ支援に踏み切るのだ。

スリランカ（旧セイロン）への安倍首相訪問は海部首相以来、実に二十四年ぶりのことだった。コロンボの海岸沿いにある大統領公邸でラジャパクサ大統領主催の歓迎式典が開催された（この海岸には英国の植民地時代からの大砲がならび、その隣はマレーシア系華僑のシャングリラホテルが建設中だ）。

スリランカも仏教の篤い信仰に支えられており、極めつきの親日国家である。ラジャバクサ大統領は二〇一三年三月にも来日している。北部に盤踞《ばんきょ》したタミル・ゲリラの反乱も、インドとの和解を機に戦闘は収まり（タミルはインドの軍事支援をうけていた）、治安は回復された。スリランカへ日本は巡視艇供与の検討にはいったとも伝えられ、実現すればフィリピン、ベトナムへの安全保障面での協力緊密化の路線に沿っていることになる。

いずれにしても注目すべきはバングラデシュもスリランカも、これまでは「中国様」に顔を向けていた。インドの保護領であるネパールもそうだが、ブータンだけは明らかに反中国である。

こうして中国のインド包囲外交、即ち「真珠の首飾り」戦略を米国ならびにアジア諸国とともに、たち切ることが日本外交の密かな目的となった。安倍首相の猛烈な外国訪問、就任以来すでに五十カ国（二〇一四年一一月現在）。歴史を書き換える壮挙である。

静かに着実に日本の戦略が動き出したのである。泉下の孫子はこれをどうみるだろうか？

著者略歴

宮崎正弘（みやざき・まさひろ）
昭和二一年金沢生まれ。早稲田大学中退。「日本学生新聞」編集長、雑誌『浪曼』企画室長を経て、貿易会社を経営。昭和五八年『もうひとつの資源戦争』（講談社）で論壇へ。国際政治、経済の舞台裏を独自の情報で解析する評論やルポルタージュに定評があり、同時に中国・台湾ウォッチャーの第一人者として健筆を振るう。中国、台湾に関する著作は五冊が中国語に翻訳されている。
代表作に『台湾烈烈 世界一の親日国家がヤバイ』（ビジネス社）『中国台湾電脳大戦』（講談社ノベルズ）、『拉致』（徳間文庫）『中国大分裂』（文藝春秋）『出身地で分かる中国人』（ＰＨＰ新書）など。最新作は『吉田松陰が復活する！』（並木書房）。

日本と世界を動かす悪の孫子

2015年１月１日　第１刷発行

著　者　　宮崎正弘
発行者　　唐津 隆
発行所　　株式会社ビジネス社
〒162-0805　東京都新宿区矢来町114番地 神楽坂高橋ビル5階
電話　03(5227)1602　FAX　03(5227)1603
http://www.business-sha.co.jp

〈印刷・製本〉大日本印刷株式会社
〈カバーデザイン〉上田晃郷　〈本文組版〉沖浦康彦
〈編集担当〉佐藤春生　〈営業担当〉山口健志

ISBN978-4-8284-1790-5

ビジネス社の本

中国人国家ニッポンの誕生

▼移民栄えて国滅ぶ

西尾幹二……責任編集

関岡英之　河添恵子　坂東忠信
三橋貴明　河合雅司

定価1200円＋税
ISBN978-4-8284-1780-6

移民国家の目も当てられない
悲惨な末路を徹底討論！
このままでは、日本語だけでは
暮らせない社会になる！

1％の勢力のために
99％の国民を犠牲にする亡国政策には断固NO！
学校や職場や近所が中国人だらけ

本書の内容

第1部　【徹底討論】日本を「移民国家」にしていいのか
第1章　移民政策ここが大問題
第2章　移民が絶対にいらないこれだけの理由

第2部　世界も大失敗した移民幻想に惑わされるな
第3章　世界の反移民とナショナリズムの潮流　三橋貴明
第4章　隠ぺいされた中国移民の急増と大量受け入れ計画　関岡英之
第5章　中国系移民が世界中で引き起こしているトンデモ事態　河添恵子
第6章　外国人「技能実習」制度で急増する中国人犯罪　坂東忠信
第7章　移民「毎年20万人」受け入れ構想の怪しさ　河合雅司
第8章　自民党「移民1000万人」イデオロギー　西尾幹二

ビジネス社の本

台湾烈烈 世界一の親日国家がヤバイ

中国の台湾支配が日本を滅ぼす！

宮崎正弘……著

定価1100円＋税

ISBN978-4-8284-1768-4

中国に急傾斜しているのは韓国だけではなかった

中国ウオッチャーの第一人者である宮崎正弘の原点は文革後に台湾へ亡命した中国共産党のエリートや知識人たちへのインタビューだった。「親日国」台湾は中国に政治・経済両面から縛られ韓国のような反日国になりつつある。中国への配慮から日本ではほとんど報じられなかった台湾現代史を日本統治時代の影響、国内政争、対中ビジネス、独立運動など多角的に論じる。

本書の内容

序　章　台湾と私
第一章　台湾はどこへ行くのか
第二章　日台関係の変容
第三章　美しい日本語は台湾に学べ
第四章　世界史のなかの哲人政治家・李登輝
第五章　日本精神を体現する台湾の企業人
第六章　台湾の中国化は危ない
第七章　台湾独立は可能なのか？
第八章　馬英九と習近平
第九章　ひまわりのように生きる
終　章　四面楚歌の中国、歓迎される台湾